世界如此险恶，你要内心强大2

石勇◎作品

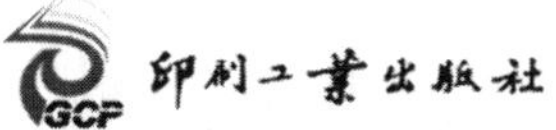
印刷工业出版社

图书在版编目（CIP）数据

世界如此险恶，你要内心强大.2 / 石勇 著. — 北京 : 印刷工业出版社, 2012.12
ISBN 978-7-5142-0599-2

Ⅰ. ①世… Ⅱ. ①石… Ⅲ. ①成功心理—通俗读物 Ⅳ. ①B848.4-49

中国版本图书馆CIP数据核字（2012）第248592号

世界如此险恶，你要内心强大.2

作　　者：石　勇

责任编辑：王　彦
特约监制：李耀辉
特约策划：冯　倩
特约编辑：田鲜兰
内文插图：小米辣
装帧设计：张丽娜
出版发行：印刷工业出版社（北京市翠微路 2 号　邮编：100036）
网　　址：www.keyin.cn　pprint.keyin.cn
经　　销：各地新华书店
印　　刷：三河市汇鑫印务有限公司

开　　本：710mm×1000mm　1 / 16
字　　数：250千字
印　　张：16
印　　次：2012年12月第1版　2012年12月第1次印刷
定　　价：29.80元
I S B N ：978-7-5142-0599-2

第四章 心理指数

第五章 我们栽在了哪些心理规律上

第十二章
语言—心理分析

第十三章
心理逻辑

自序

如果我们要站稳的话，请从理性开始

多年来，我目睹过太多人的心理痛苦，接触过很多心理上已经扭曲、变态的人。我还知道有很多人发疯、自杀。

唏嘘感慨之余，我曾经问过自己一个奇怪的问题：为什么我还挺正常的？我何德何能？

答案是：我懂心理分析。

情况是这样：当各种打击、伤害来的时候，心理分析就像头脑和心理上的一把防身利器，可以保护我；但我并不是在喜玛拉雅山修行，当然不可能百毒不侵，多少还是会有些心理问题，这个时候，我就可以用心理分析来澄清它、让它消散，而不是恶化成折磨我、让我心理扭曲或痛不欲生的症状。

但心理分析可以干的事情，当然不只是保护自己，而是可以改变自己。

我们有时会犯下愚蠢的错误，有的人事后能够意识到，但早已付出了很大代价；有的人对此始终全然不觉；有的人不断在心理上给自己挖坑，最终把自己弄成了悲剧人物。一个人本来可以取得成功，过得幸福，就因为被自己的心理套牢，他失败了。所有的这些人中，有的终其一生都无法或不敢醒来。

这是我们既不认识自己，也不认识他人的后果。我们成了心理的盲人。

在这个意义上，心理分析还可以是一种强大的方法，对我们的人生、处境和命运进行破解。借助它，我们可以看到他人的内心，看到这个世界的真相。

总之，心理分析可以让我们在头脑和心理上真正得到武装。

在《世界如此险恶，你要内心强大》这本书里，从“我们为什么内心弱小”和“如何变得内心强大”这两个核心出发，我剖析了诸多控制我们的心理法则，教读者把自我的控制权掌握在自己手里，成为一个内心强大的人。

这是第一步。

现在，本书要做的事情，是在内心强大的原理和方法的基础上，系统地破译我们的存在，以及心理问题的真相，并从问题、原理开始，把心理分析方法全面地亮出来，以便继续内心强大的修炼，并解决我们碰到的问题。

阿基米德说，“给我一个支点，我可以撬动地球”。我说，给你一个心理分析方法，你可以存活下来，并且过上幸福生活。当然，我指的是心理上的。

这个心理分析方法，是我站在哲学和精神分析先辈们的肩膀上，从哲学、心理学等理论中提炼、创造出来的。我做的是在大师们没有看到的地方，把真相和有用的东西说出来，尤其重要的是，让每一个普通人都可以用得上。

基于此，我保持低调，没有像别人那样对自己提炼、创造出来的心理分析方法进行命名。有用即是王道。当然，我们也可以把它叫作“理性主义心理分析”，或者“勇氏心理分析”。

我遵循的是哲学的理性主义传统，不玩神秘主义，不鼓吹出世那一套，不空喊励志口号，不主张人要把自我卖了去适应社会，不让人自我暗示或强迫自己要干什么，不煮心灵鸡汤给别人喝。我想说，如果我们要站稳的话，请从理性开始。一切都有方法可循，从理性、方法中得到的改变，才是扎实的自我提升。

感谢那些跟着我学习心理分析的网友，他们中有白领、研究生、本科生、中学生，也有公务员、教师，等等。感谢那些看过《世界如此险恶，你要内心强大》的读者。

和《世界如此险恶，你要内心强大》一样，在本书中，我的表达有时仍然比较好玩，有时则比较狠——我解释过了，这是出于方便理解，以及“恶狠狠地把真相说出来”的考虑。

石勇

2012 年 10 月 8 日

Part I 问题

世界如此险恶，你要内心强大2

我们的人生出了问题，至少有一半是心理出了问题造成的；而我们的心理问题，又至少有一半来自头脑的肤浅和紊乱！

还是先从 20 世纪最重要的思想家之一、精神分析的先知埃里希·弗洛姆一件亲身经历的事情开始。

一天，有一位同事来拜访弗洛姆。他知道这位同事并不喜欢自己。事实上，弗洛姆说，他对于同事要来拜访自己感到惊讶。

同事按了门铃，弗洛姆把门打开，准备请他进去。但没想到，同事伸出手，对弗洛姆愉快地说了一声："再见！"

别人刚刚打开门欢迎你进入，你就做出了一个一点也不艰难的决定："再见！"

直觉上，这很不正常。在这种情况下我们必须追问：什么意思？为什么这样的话可以说出口？

按照精神分析老祖宗弗洛伊德老师的理论，我们日常生活中的笔误、口误、突然记不起一个熟人的名字等，表面看起来是鸡毛蒜皮的小事，但其实大有深意，乃是一个人心理秘密的外露，表明他正处于某种心理和生存状态。

有时候，一个眼神、一个举动、一句话，就是一个人的死穴，尽管他没有意识到，但对方早就盯住了这一点。

两个人在打交道时，其中一个出现还没进门就说"再见"这样简直不可饶恕的低级错误，那几乎就是对自己内心想法的主动招供。

弗洛姆告诉我们，在这种情境中，同事说"再见"，表明他无意识地希望自己赶快离去。就是说，他内心里根本就不想来拜访！

如果你看完这本书，具有心理分析的洞察力，你马上就能把这位纠结的拜访者的内心语言翻译出来："我根本不想见到你——你看，我 TMD 控制不住地说出来了！"

对于大部分人来说，发生这类让彼此都尴尬的情况，一个反应就是把对方假设成一个弱智，急于解释或掩饰一下，避免把已经露馅的戏彻底搞砸。但对于两个对人内心洞若观火的精神分析学家来说，还能再说什么呢？

弗洛姆提醒，啥都别说了，说"这不是我想要说的话"，那将会是十分幼稚的。一个精神分析学家对于说漏了嘴的反应，看的是它的真正意思是什么，而不是事后设法去补救什么。

关于这个亲身经历，弗洛姆点到为止，没有再往下追究。他假设："你懂的。"

我们当然懂。但从这里出发后，必须说得更多一些。

在我还是一个"哲学青年"的时候，就被德国哲学家叔本华的一句话，以迅雷不及掩耳之势击中。

在19世纪中期的欧洲，冷峻地扫视着大街上行色匆匆的人群，叔本华像古希腊的先知们一样侃侃而谈，说人生就是"从未实现的理想，被命运毫不客气地践踏了的希望，虚掷了的挣扎，整个一辈子那些倒霉的错误"。

如果说在哲学家中，像太阳一样光芒万丈的康德属于普通哲学家，阿多尔诺（就是说"奥斯威辛之后，写诗是野蛮的"那位）属于文艺哲学家，那么，叔本华，以及他的粉丝尼采，基本上是2B（网络用语，神经、傻冒之意）哲学家。英国哲学家罗素在《西方哲学史》里为他们树碑立传时，就指控他们虚伪和歧视妇女。

罗老师说的是事实。在这方面，他是有道德上的优越感的，因为他不仅不歧视妇女，而且还是"妇女之友"——比如，有人爆料，说罗老师"不顾高龄地追逐每一个穿裙子的人”。

歧视妇女也罢，“妇女之友”也罢，在这里我只想说一下，从小就树立“用智慧生活”的远大理想，为人类的哲学事业而奋斗终生的人，总是值得我们尊敬的。本华同志虽然不是一个高尚的人，不是一个纯粹的人，不是一个有道德的人，不是一个脱离了低级趣味的人，仍然是一个对人民有益的人。

澄清一下，本华老师所说的那种人生并不是指自己。哲学家的痛苦，和我们普通大众的痛苦并不是一个概念，他们是“感受到了人类的痛苦”，我们普通人的痛苦，不过是个人的痛苦罢了。而且他是富二代，无论从生活的安逸，还是哲学上的成就看，他的人生都没什么失败。

然而，恐怕，这是很多人的人生——至少，我们或者在迷茫中虚掷了太多的挣扎；或者，在重要的事情上，会犯下一些愚蠢的错误；或者，在逃避自我的迷梦中永远不敢醒来！

还有太多的“或者”。

所有这些，其实更多的都是心理问题。

请相信我，我们的人生出了问题，至少有一半是心理出了问题造成的；而我们的心理问题，又至少有一半来自头脑的肤浅和紊乱！

我们的人生出了问题，至少有一半是
心理出了问题造成的；而我们的心理问题，
又至少有一半来自头脑的肤浅和紊乱！

Problems

01

第一章

沦为心理动物

1. 一个人最大的悲剧不是没有认识自己，而是要命地害怕认识自己

从前，古希腊有一座山，叫奥林匹斯山，山上有座庙，叫德尔斐神庙，在这座庙上刻着一句永恒的箴言：认识你自己！

哲学是让我们“用智慧来生活”。它要干的一件大事，就是让人认识自己。所以苏格拉底甚至放出过一句狠话：“未经反思的生活是不值得过的。”

苏老师的这句话穿越古今，发聋振聩。

确实，成为自己的陌生人，或以为认识了自己，但只是把一个假的“自我”当成自己，收获无穷的烦恼和痛苦，过一种错误的生活，拥有一个荒谬的人生，有什么意思呢？

但我也要放出一句狠话：问题并不在于一个人在头脑上不想去认识自己，而是在心理上要阻止自己这么做——在心理上，很多时候你要一个人去认识他自己，等于要他的命！

在认识自我、认识他人的道路上，哲学，是需要和心理分析一起并肩行走的。

2. 一个人恐惧的时候，那种孤弱无助，在心理上多么像一个孩子

一个人恐惧的时候，那种孤弱无助，在心理上多么像一个孩子。

而当我们嫉妒的时候，自恋的时候，自卑的时候，怨恨的时候，发泄的时候，莫名其妙地干出一些蠢事的时候……在心理上，又像什么呢？

来看一个 17 岁女生的真实故事吧。

这位女生家里有点钱，但她很喜欢当“小三”，而且当得比较另类：主动去勾引有点钱的中年男人，周旋于几个男人之间。对于没有结婚的男人，无论穷富她都没有兴趣。

故事还没有听完，我就脱口而出：“她一定恨她父亲！”

知情者突然想起：“她父亲在外面有女人，有不止一个‘二奶’。”

我沉默了。突然之间，我像本华老师一样，触摸到了人生的悲剧。

她恨她父亲，但无力反抗父亲所做的一切。于是，模仿父亲包“二奶”的玩法，把自己变成一个“小三”，来在心理上报复、惩罚她的父亲。内心里隐隐有一种声音告诉她：自己越是这样，父亲就越会有双重罪孽感——因为女儿搞成这样，都是他干的好事；而包“二奶”，在心理上就像包自己的女儿一样！

这多么像是以“自杀”的方式来报复父亲。

我真想说：姑娘，不能采用这种疗伤方式啊！

3. 当我们成为心理动物的时候，自我、命运的控制权，已经不在我们手里

还记得我在《世界如此险恶，你要内心强大》里对“心理结构淹没智力结构”的描述吗？

内心强大的一条法则是：不能让你的心理，代替你的存在去和世界打交道！

我们其实可以走得更远。

在听完 17 岁女生的故事后，我沉浸在对她内心挣扎的想象中。心理分析的直觉告诉我，她内心里绝不想当“小三”，但是，这种声音，已经非常微弱，她就算听到，也无法听它的话了。

为了保护自己弱小的内心，她已经被某种神秘的心理规律所控制——就像我们在嫉妒的时候，自恋的时候，自卑的时候，怨恨的时候，发泄的时候，莫名其妙地干出一些蠢事的时候，也受到了某种心理规律的控制一样。

如果可以形象一点的话，那么，我希望把处于这种状态的人称为“心理动物”。

一个人为什么容易沦为“心理动物”呢？在第二章直捣心理问题的一个核心后，我再来描述它。现在我想说的是：当我们变成心理动物的时候，叔本华所说的那种人生，也许已经开始，因为自我、命运的控制权，已经不在我们的手里。

4. 人们一旦从别人身上获取了心理优势，往往不会收手

尽管情况并不一样，但这个 17 岁的女生，让我想起了一位青年在一档相亲节目上的失败表演。

人与人之间有区别，但心理规律是不认人的。

在 VCR（摄影机）和舞台上，这位青年使劲耍时尚小青年派头，并陶醉在自己的各种姿势中，以为表演得这么有个性，定会博得女嘉宾的青睐，却没想到一通卖力表演之后，面前灭灯一片。

在退场时，他不玩时尚造型了，眼里露出失落、惶恐，一再辩解“其实大家不了解我”“真实的我不是那样的”。

很无辜吗？非常遗憾，在那一时刻，我看到的只是一个心理动物。

这位青年独特的内心语言是这样的：“我觉得玩时尚小青年很有特点、很有个性啊，所以一定会得到女嘉宾的欣赏。”

于是，他这样玩了，却没想到，自己面对的不是无知少女，而是一帮阅男人无数的女嘉宾，自己这样装只会显得幼稚可笑！

灯全灭后，他知道自己玩砸了（除非突然精神失常，他才能否认这一点），但把自己装失败偷换为：在 VCR 和舞台上耍时尚小青年派头的那个人不是真正的他。动机是企图挽回面子。

但这一招几乎是自杀式的，整个把自己搭了进去。他相当于主动招供：“其实我很愚蠢，你看，我居然去扮演一个时尚小青年，以为会被欣赏。而被灭了之后，我为了面子又说真实的我不是那样子的，可见我多么虚弱！”

招供完后，他无异于对广大观众深情呼唤：“既然我这个人是如此的虚弱和愚蠢，那么，你还等什么？请放心地鄙视我吧！”

他为什么玩砸了？

很简单，他想的只是“我这么玩别人一定会喜欢”，而没有“我这样玩会显得很幼稚吗”的意识。他看见的只是自己在心理上想象的别人的反应，本质上，看见的其实只是自己。因此，在场上，他有一半是表演给自己看的！

本来，玩砸也就玩砸了，像这种“一次性博弈”的情况，他正确的做法

就是退场时继续装下去，这样虽然玩砸了，但还能保持一种“自我”的同一性。

请注意，下面我要讲一个心理常识：在存在心理博弈的场合中，千万不要小看这种“自我”同一性。一个“始终如一”的姿态是具有心理威慑力的。为什么？因为它象征了一种坚定，背后有强大的心理力量支撑。如果这位青年真的这么玩了，对掌握他生死大权的那些女嘉宾们，以及观众们，即使觉得他幼稚可笑，但由于信息有限，是否真的可以鄙视他，他们在心里面并不能真正确信。

悲剧是，他居然否定了自己的表演，以为效果只是：别人也会按他的辩解，认为这的确不是真实的他。他没想到，别人一旦认为他幼稚可笑，获取了心理优势，就不会收手，在心里面倾向于希望他表现得更幼稚一些。而他还挺配合，把自己一直以来的虚弱和突然发生的愚蠢全盘暴露！

是的，人们一定会热烈地回应他的深情呼唤——放心地鄙视他！

你也许会说，可能有些人会受他的暗示，觉得真实的他可能也不是那么幼稚。

我想说，当然会有这种人，但很可惜，他们不仅缺乏洞察力，而且不知道在自己心里面发生了什么。

发生的是这件事情：青年显示的“无辜”造成了一种道德压力，让这些人阻止自己继续去痛打落水狗表现心理优势。他们涌现出“好像真实的他也不是那样哦”的念头，其本质，只是为了解除道德压力给自己造成的心理负担！

这是在和这位青年一样陷入“心理动物”的状态，但如果是在大脑管用的情况下——尤其是在和这位青年存在利益博弈的时候呢？

想一下后果吧！

5. 骗子和忽悠大师们最高的境界，根本不是去说服你，而是让你自我说服

在这里，我要揭示一个人类心理的巨大软肋：实际上没有多少人，真的确信他相信什么或不相信什么，要他选择相信或不相信，他一定需要一个头脑之外的理由。

注意，是头脑之外的理由。

阿道夫·希特勒阁下最大的魅力，就是他的偏执和狂热，绝对相信自己真理在握，有如上帝在尘世间出现。无数掌握着通往“天国”、通往“人间极乐世界”的钥匙的“宗教领袖”和“政治领袖”，对他们的教义同样会信誓旦旦。

这种“肯定是”“绝对有”的神圣姿态，其心理力量太强大了，本来就对“有没有”无法确信的大众，几乎无法抗拒。

同样，曾经的行骗表演艺术家张悟本同志能够忽悠很多人，最重要的一个原因，就是人们在心里面，无法在一开始就确信他的那种“养生食疗法”一定是骗人的或一定不是骗人的。而如果相信是骗人的，他们得不到什么好处；相信不是骗人的，则可能有奇迹发生。所以，他们在心里愿意去相信。

喜欢装神弄鬼的大师们最高的境界，根本不是去说服你，而是让你自我说服！

6. 当一个人出现在你面前时，请仔细分辨，他是带着一个头脑，还是一个心理

当一个人出现在你面前时，并不仅仅是带着一个头脑，或并不是带着一个头脑。你要说服他，得看他是在用头脑听，还是用心理听。

如果他是准备用头脑听，这个时候你必须诉诸说理，用强大的逻辑让他接受。

如果他是准备用心理听，你和他讲道理等于对牛弹琴，你要做的只能是用“这样做对你没什么好处”“你这么干还是人吗”等来诱导他、暗示他，让他在心理上产生希望、产生恐惧、感到压力——他的心理只吃这一套！

说到这里，我要岔开一下，教大家一个厉害的方法。当一个人和你谈到了某件事，这件事和某个人或某群人有关，比如告诉你，有人打算背后搞你一把时，请注意他的眼睛和表情！

如果他眼睛直视你，同时有着坚毅，表情也较为凝重，那大抵是真的，因为这表明，他是在头脑上做出一个判断，注意力是在头脑对信息的整理和传递上。如果他眼睛游移不定，表情有些不自然，请相信我，他的重点不是在头脑上做判断，而是在心理上怀着某种目的，想对你说什么！

请想象一下那些长舌妇、喜欢背后说别人坏话的人的眼睛和表情！

7. “我觉得……”句式会让很多机会从你身边溜走

继续说刚才那个青年。在电视节目结束后，这位兄弟的光辉形象仍然停留在我脑海中。

他犯下这种愚蠢的错误，可以说是自己心理的一个必然结果，而往往又会成为以后错误的原因。我们从来没有想到的是，当错误发生时，种子其实在他以前的人生中已经种下了，而这个错误，往往又是以后我们干一些蠢事的源头。

我特别注意到了这位兄弟的经典台词：“我觉得……”

在这里，我要向余秋雨老师学习，含泪劝告大家：在说话时，除非是为了敷衍、博弈、自我保护，否则要对自己狠一点，对那些对你充满期待的人干脆一点，千万不要用“我觉得……”的句式！

这个青年成为一个心理动物，“我觉得……”正是症状之一。

玩“我觉得……”句式后果很严重吗?

是的，先生！

一方面，你不是在描述一件事情本身，而只是描述你对一件事情的看法，“我觉得……”句式在心理上带有一种自我保护性质，害怕说错。在别人期待的是你准确地描述一件事情并进行判断，而不是你对它“如何感觉”的情况下，你这样干会隐隐地让人失望，他一定会认为你心里面根本就没有想清楚，没有把握，不具备控制某些东西的能力——或者，他都已经充分信任你了，你还对他藏着掖着！

请高度重视这个硬道理：“我觉得……”句式会让很多机会从你身边溜走！

另一方面同样致命，它是一个很坏的心理习惯，长期运用会杀伤自己。

从语言和心理的关系上看，当一个人说出“我觉得……”时，实际上在内心深处，就是给自己一个理由，阻止自己把问题搞清楚，阻止自己在心理上对某些事情进行控制。长此以往，你的洞察力、分析能力必然越来越迟钝，而心理也越来越失去抵御打击的能力。

8. 一个人在头脑和心理上是什么档次，往往对应他在社会上是什么层次

几千年来，哲学家和心理学家们一直在从不同的角度探讨本华老师所描述的那种阴郁灰暗的人生为什么会发生，以及如何避免。

苏格拉底谆谆教导我们，在头脑上我们要走出“洞穴”，不要把影像当真实，做一个理性的人，而不是一个靠自我欺骗而活的人。

康德仰望星空，沉思良久，在书里写上一段话，请我们记住“头上的星空和心中的道德律”，因为一个人要想不疯狂和心理畸形，必须有所敬畏。

海德格尔在“存在主义之河”中跋涉时，突然看到了人类“存在”的真相。他说，语言就是“存在”的家，而“存在”则是我们的家，千万不要遗忘我们的“存在”。

弗洛姆接过海德格尔的话，说，爱和创造性的工作是我们克服与世界分裂的两条道路。如果我们把自己给卖了，将成为一种“存在的败笔”，而我们来到这个世界上，本来不应该是这样子的。

在奥地利首都维也纳，弗洛伊德突然充满了悲悯，他说，“压抑”是我们痛苦的源头，而人在心理上，总需要一个“父亲”的保护。如果我们真想告别心理上未成年的阶段，那么，请学会在心理上独自生活。

……

如果说头脑和心理，是人的“内存在”的话，那么，他的处境、他的命运，

总会同时受“内存在”和 “外存在”（外部世界）的影响。在某种意义上，他的头脑和心理是一种什么样的状况，影响到了他的处境和命运。

也就是说，一个人在头脑和心理上是什么档次，往往对应他的处境和命运，对应他在社会上是什么层次！

而行为的背后，则隐藏着头脑和心理的秘密。

很幸运，我们已经可以看到这样的秘密。

从这里开始，我将站在哲学和精神分析先辈们的肩膀上，在他们看到和没有看到的地方，把这个秘密说出来。

Problems

02

第二章

在心理上求生

1. 学会淡定，事情就会是另一个样子

拥挤的商场里，我曾经和一个男人不小心撞在了一起。双方像革命志士陈天华那样同时来了一个“猛回头”的 Pose。

接下来的场面你可以想象得到：他瞪着眼睛指责我，骂骂咧咧，口水几乎喷到了我的脸上。

但这一点你可能想不到，事实上在这件事情发生前，我没玩过，也没想到！——我看着他的眼睛，微笑了一下，突然灵感爆发，灵魂附体，天才地做出了一个“请”的手势，友情提示“嗯，你先说”。

这一具有极佳创意的 Pose，使他直接傻掉了。但他很快反应过来，语气开始变得缓和，但还挺凶的：“你撞到我了！”我仍然微笑示意“嗯”，提示他继续说。他很奇怪地看着我，缓和了下来，冒出一句：“你走路看好一点好不好？”然后瞪了我一眼，走人。

我全程充满微笑和关怀地看着他，并目送他离去。

商场保安走过来，显得很兴奋，向我表达了“佩服”的滔滔敬意。

沐浴着被保安佩服的快感，在那一瞬间，我产生了头脑风暴，知道事情为什么是这样结束，而不是以对骂、斗殴收场了。

2. 很多人之所以把一件小事情搞得不可收拾，一个重要的原因，就是双方都成了心理动物，情绪刺激情绪

这位仁兄发怒非常简单，和我相撞了，这一撞，也撞到了他的心理结构。发怒，就是他用情绪来保护自己的心理结构，攻击我。

不仅仅如此，他还在心理上预设了我会以脏话，直至拳头回敬他，因为我也是男人，而且看上去不是什么文弱书生。这种心理的预设，就是对自己言行的后果进行预知，从而可以对别人有心理防御，做好防守或进攻的准备。

也就是说，玩“猛回头”的时候，他已经潜在地蓄积了心理能量准备来对付我！

如果我同样也和他骂骂咧咧，吹胡子瞪眼，说话时口水也几乎喷到他脸

上——就是说，符合他的心理预设，他蓄积的心理能量就会被点燃。根据男人之间发生摩擦的经验，估计不到十秒钟，我和他就会免费给观众上演一出打斗戏，就像两只狗互咬一样。

可是我怎么可能像他一样沦为心理动物，玩这种低档的语言游戏、动作游戏，用它来解决这类小问题呢?

相反，我还要把他拉回来，恢复理智。

结果就是：我具有创新意识的反应，打破了他关于我要回骂他、和他玩动作游戏的心理预设，瞬间让他感到陌生和不适应。而这样一来，他心理防御的那根弦就松开了，蓄积的心理能量失去了发泄出来的通道。只要我不刺激他，这种心理能量，在那种情境中就会转化成头脑的理性，随之而来的，就是情绪的冷却和无意义感。

于是，问题和平解决。

在这里要说一下，很多人之所以把一件小事情搞得不可收拾，一个重要的原因，就是双方都成了心理动物，情绪刺激情绪。

恋人、夫妻吵架，越吵越凶，其中的一个原因，就是我们往往已经忘记，当对方情绪涌上来的时候，他实际上是有一个心理期待的：希望我们让着他，在心理上预设我们应该让他。

如果没让，因为是他单方面地期待、预设的，就有一种被羞辱感，为了在心理上保护自己，他就会把羞辱转化为对对方的愤怒。

当我们的亲人对我们生气时，请想一下他内心对我们有什么样的期望、失望甚至绝望！

3. 在这个世界上，没有一个人在心理上不想活

虽然这已经不是一个多用几个“子曰”就可以忽悠人的时代了，但我们还是听中国古代哲学家老子曰一下：

“一生二，二生三，三生万物。”

中国人曰完，让老外接着曰。

我安排曰的人叫牛顿。他曰：在茫茫的宇宙，万物不停地运动，而上帝，就是运动的“第一推动力”。

“一”是指什么，“第一推动力”是不是上帝，对于我们普通人来说并不重要，重要的是思维——在这个世界上，很多东西都可以找到一个“终极动力”或“逻辑原点”，一个“事物最初出发的地方”。

人的心理和行为的终极动力、逻辑原点是什么？很简单：求生——在生理上和心理上求生。

我说过，在心理上求生，是心理的第一铁律，它类似于数学上的“公理”。

如果你说，在这个世界上，有人就是不想在心理上活，而是要在心理上玩完，那么不好意思，我无法想象有这种人——无论他是所谓正常人还是精神病！

在生理上不想活下去，也即想死的人不少，但这么做，恰恰也是为了在心理上谋生。一个感觉可以在心理上活下去的人，是不会自杀的！

4. 知识是用来让人牛的，而不是用来装的

多年来，有一个哲学的思维方式一直让我受益匪浅，在这里分享一下：

对一个看上去有点道理的观点，不仅要知其然，也要知其所以然。

如果没有“给个理由先”“请描述一下为什么会这样”的追问，哲学能

不能成为人类自我认识的最高智慧，不无疑问。

我来解释一下为什么我们要学会这样干。

知其然，你只能在头脑上简单地记住观点的表述，相当于背诵一下而已，很快就会淡出智力结构的表层，在很多时候根本就没用；知其所以然，它就成了你智力结构的一个内容，当时机出现，你就能够运用它。

培根说，知识就是力量。但如果你不会运用，知识什么都不是，最多可以用来装，显示自己“有才”。其实，真正应该用来装的，是弹钢琴、拎一个 LV、开一辆宝马、去星巴克喝一杯这类玩意儿，而不是知识——知识是用来让人牛的！

5. 本能不会提醒你说“注意了，我来保护你啦”

按照这个思维，我们要问一句：人为什么要在心理上求生呢？

先简单地看我们的存在：我们是带着一坨肉来到这个世界上的，我们的存在，首先就是一坨肉，一堆复杂的生理结构，对不对？

好，这一坨肉，这一堆复杂的生理结构要能够生存，就先天地配备有一系列自动保护装置，那就是本能。当你饥渴时，意味着这坨肉的生存受到了威胁，本能就发作了。当一个人在背后猛拍一下你的肩膀时，你会迅速地转头看他是谁，并同时做好进攻准备，这就是本能控制你来保护自己的结果。

本能是无意识的，不会提醒你说“注意了，我来保护你啦”，当本能发作时，没必要装什么高档，痛快地承认，我们就是动物，和猪、牛、狗之类没啥区别。

当然，我们是人类，不仅仅是动物。在带着一坨肉来到这个世界上时，在它提供的“物质基础”上，我们也发育、形成了两样东西——两种功能：智力结构和心理结构。

智力结构是用来干什么的，无须废话，因为它就是“你有一个大脑，用来干什么”。对于像帕斯卡之类的思想家来说，就是：人有一个智力结构，那真的是太伟大了，因为它可以用来让人思想，使人比宇宙中那些要毁灭他的东西“高贵”得多，直接就可以鄙视猪、牛、狗等动物了。

6. **当我们带着一个心理结构出现在世界上时，各种可能的伤害，也就跟着来了**

人有心理结构又意味着什么？它想干什么呢？

人有一个心理结构，是用来让人在心理上生活的，让他有喜怒哀乐，有欲望、需要、自卑、自恋等。

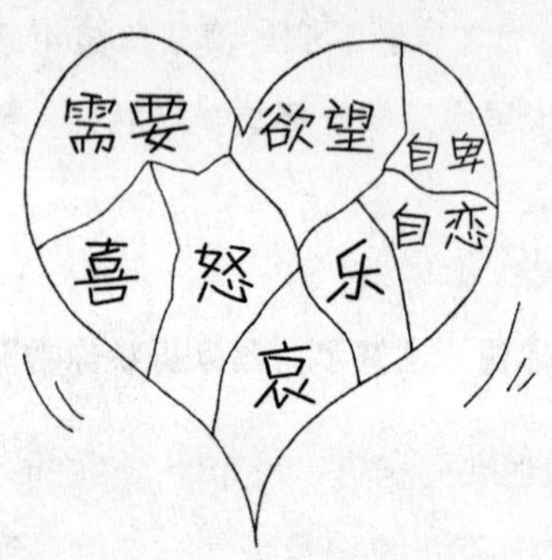

人有一个心理结构，是用来让人
在心理上生活的，让他有喜怒哀乐，
有欲望、需要、自卑、自恋等。

当我们带着一个心理结构出现在世界上时，各种可能的伤害，也就跟着来了。但我们不想过那种在心理上痛苦的生活。怎么办？

放心，就像生理结构有本能来保护一样，心理结构，也有一系列自动装置来保护它，这就是一系列的心理保护机制。

换句话说，随着心理结构的发育、形成，我们过上了心理生活，它同时也配备有一个自动保护装置，让我们在心理上得到生存！

7. **心理保护是打开我们心理秘密的钥匙**

前面我说到了一点理论。理论总是让人觉得枯燥的，并不好玩。我深深地知道，在这个每个人都感觉很累的时代，不能用理论让人更累，正如叶挺将军深深地知道，人的身躯不能从狗洞里爬出！

但为什么还是要说？因为没有理论的支撑，我们对很多东西自以为清楚，但其实并不清楚，它们缺乏高度和深度。在很多时候，我们还是需要深刻一些的，不要那么浅薄。

而理论绝不是要让我们脱离生活，恰恰相反，它是让我们在地面上看不清楚时，先用它飞上天空，看清楚下面的一切后，再回到地面上，那感觉就完全不一样了。

正是如此，我就算讲到了理论，也会尽力让它通俗易懂。理论是用来让读者取得一个制高点，看清这个世界真相的，不是作者用来玩深沉的！

心理结构里面，有哪些东西来保护我们，让我们在心理上求生呢？有性格，有人类祖先遗传下来的各种无意识的心理内容，有心理倾向，有情结，有情感、情绪，等等。它们驱动了一系列的心理规律，让我们玩出各种花样，在心理上保护自己。我把它们干的这件革命工作，称为“心理保护”。

注意了，“心理保护”这个概念太重要了，它是打开我们心理秘密的钥匙。在后面你就会看到，你用这把钥匙一扭，一个人心理的密室就开了。

如果说在《世界如此险恶，你要内心强大》里，我认为最重要的一把钥匙是“社会价值排序”，用它可以破译我们自卑、弱小的秘密的话。那么，在本书，最重要的一把钥匙，就是“心理保护”了。

前面那位和我碰撞的仁兄，当他发怒的时候，其实就是在对自己进行心理保护。

“激将法”就是利用心理保护的原理玩的。故意激怒一个人，就是激起他的心理保护，让他陷入心理动物状态，从而方便打击他、利用他、控制他。

8. 在心理上求生，正是我们所有与心理生活有关的行为的终极动力

需要指出一下：在干心理保护这件神圣的革命工作时，很多时候心理结构一个人是玩不转的，而是需要智力结构这个亲密的革命战友配合。

有时候，我们变成一个白痴，被人催眠，突然精神失常，正是拜它们的团队合作精神所赐。

关于这一点，我们要天天讲，月月讲，年年讲：在心理上求生，正是我们所有与心理生活有关的行为的终极动力！我们平时所做的很多事情，其意义可能只有一个，就是对我们进行心理保护！

阿基米德说：“给我一个支点，我可以撬动地球！”心理保护，正是我们进行心理分析、训练，让自己心理强大的“阿基米德支点”。

我们可以说：“给我一点信息，我几乎可以对生活中一切与心理有关的行为和现象进行破译、澄清！”

9. 心理规律并不乱玩，它听的是心理保护的话

是时候兑现在第一章的一个诺言了。我把“心理动物”描述一下，名词解释一下。

所谓的“心理动物”，指的是我们处于这种状态：当心理保护被启动时，我们失去了人应有的“理性”，被还原成了一个拥有心理结构并为它而活，做出各种莫名其妙或愚蠢行为的动物——我们与动物的区别，只是受的不是本能驱动，而是心理保护的驱动而已！

我想说，成为心理动物，只有对于疯子来说才是幸福的。对于我们普通人来说，它更多地意味着痛苦和灾难。

而很多控制我们的心理法则、心理规律，其引擎正是心理保护！大海航行是要靠舵手的，心理规律并不乱玩，它听的是心理保护的话。

所以，打蛇必须打准七寸。

10. 当我们被心理保护攫住时，第一反应是盲目求生，哪怕饮鸩止渴

奥地利作家、现代文学最杰出的天才之一弗兰兹·卡夫卡说过一句话："真正的道路其实就是一根绳索，它不是紧绷在高处，而是贴近地面的，与其说它供人行走，毋宁说是用来绊人的。"

卡兄是很深刻的，虽然在今天，已经没有多少文艺青年拿他来装，言必称"卡夫卡"了。一个深刻的人，好像不太适合出现在一个浅薄的时代。我们的岳飞岳元帅就曾经大发感慨：知音少，弦断有谁听？

我听。

我想说，心理保护，正如生存本能一样，是我们无法缺少的，比如我们维护自尊总没错。但是，在很多时候，它其实也是一根绳索，与其说是用来保护我们在心理上不被伤害，不如说是在心理上给我们下绊，反过来伤害我们的心理结构的。

因为，第一，保护我们的心理结构，这更多应该是智力结构的责任，是靠它建立一个防御阵地。

第二，对心理结构的保护，应该是靠它处于一种内心强大的状态，而不是靠那些我们无法意识到或控制的心理策略、心理规律来玩，或在心理上把我们变成某种样子，比如，变成一个偏执狂。

如果不是这样，那么心理保护就像前面那位 17 岁的女生一样，只是我们以杀伤自己的方式，来在心理上给自己疗伤而已。

把话说狠一点就是：当心理保护攫住我们的时候，意味着我们盲目地要在心理上求生，就像喝一杯毒酒来解渴一样！

11. 用智力结构去应对，那才真正可以保护我们，无论是在利益上还是在心理上

心理问题很难理解吗？我的回答是：不！

我要揭开这个真相：我们之所以有心理问题，正是在受到刺激、打击时，智力结构不起作用，无法防御，内心也不强大，导致了心理保护盲目运作，

然后杀伤心理结构的结果！

我们实际上是自己杀伤自己，或配合别人杀伤自己。

什么叫淡定？真正的淡定，就是用你的智力结构去看、去应对，不让心理结构受到刺激，启动你的心理保护。

什么叫“泰山崩于前而不变色”？就是你的智力结构启动，同时内心非常强大，心理保护无法启动，所以那些危险，根本就刺激不了你的恐惧。

用智力结构去应对，内心强大，那才真正可以保护我们，无论是在利益上还是在心理上。

再揭开一个真相：我们有了心理问题后，陷入恶化的原因就是我们没有学会破译它、澄清它，没有跳出受伤的心理情境，而是用心理保护来疗伤，因此导致了“心理结构受到伤害→用心理保护来疗伤（症状）→心理结构再受到我们杀伤→再用心理保护来疗伤（症状）……”的恶性循环。

这相当于我们在心理上给自己下套，而且，越钻进这个套里，绳子拉得越紧。极端之处，就是一些人受不了这种心理折磨，选择了以自杀或杀人来寻求解脱。

12. 没有存在感，一个人会生不如死

举两个例子。

第一个是关于“性格孤僻”的。我想用它来说明，为什么心理保护会成为我们内心的一个杀手。

一个人很“孤僻”，不想和别人说话，甚至不想让别人认识自己，在心理上是什么意思呢？

用后面我们要讲的心理分析的“澄清”方法，可以看到，他有一种“吞没焦虑”，如果感觉有人看他，轻则不自在，重则有一种被吞没、被融化、

被毁灭的危险。所以，为了在心理上保护自己，他在人群中撤了，只有躲在一边，他似乎才自在、才有安全感。

玩“孤僻”，其实就是对自己心理问题的一种“行为疗法”。

如果它真能在心理上保护我们，那也就罢了，问题是不能。

一个人来到这个世界上，是需要向他人证明他的存在的，没有存在感，一个人会生不如死。玩“孤僻”是尽可能把自己隐匿于黑暗之中，不让别人注意到自己的存在，但只要他没有像疯子那样彻底退回自我世界，不再和这个世界玩，他仍然需要寻找存在感。

13. 有些人不开口对世界说话，但在心理上一直对世界说狠话

那么有什么办法呢?

只有两种：对这个世界漠然，麻木，不关心；或者仇恨这个世界，内心对这个世界有攻击性。

前一种，既然不去面对这个世界，对它漠不关心，那就感受不到它对自己的压抑和威胁，他可以独自玩一些东西来找到自己的存在感。不和世界说话，他就和自己说话。但后果就是，他无法发展自己健全的人格，在心理上也不适应于和别人打交道。这一种，算是一种生活方式吧，无须说好或说坏，这个人群里或许还有些天才。

但后一种，更多的就是一种危险人群了。我家乡有一句话叫作“三天不讲一句话，肚皮鬼怪大”，说的就是后一种人。

这种人对自己心理的杀伤是巨大的，往往心理阴暗、扭曲。同时，在破坏了自己的内心后，他们对外部世界也倾向于破坏。

很多冷血杀手就是从这种人群里走出来的，像美国科罗拉多影院枪击案杀手霍尔姆斯就是如此。杀人，是他对自己心理问题极端的“行为疗法”。

所以，今天有一个有趣的现象，破译犯罪嫌疑人的动机，就相当于对他做一次心理分析。

我想说，这类“性格孤僻”的人，你不要看他不说话，其实他内心一直

对世界说狠话。他是因为自卑、因为害怕被伤害等原因，为了在心理上保护自己才撤的。但心理保护这件工作，还只是做了一半，他只是防止了自己被外界伤害，并没有找到存在感、价值感。所以，不要以为他撤了就没事了。

他实际上会有一种“受迫害感”：都是这个可恶的社会、可恶的人群让他这样的！他要“报复”。骨子里，他有一种冲动，那就是从黑暗中冲出来，震慑这个猝不及防的世界，迫使它重视自己的存在。

对于这类杀手来说，当看到在他枪下惊恐万状的人群时，那种梦寐以求的快感达到了极端，因为他终于找到了在世界面前巨大的心理优势，可以为所欲为。

14. 心理的症状是一种双面怪兽

第二个例子，是关于“洗手癖”的。我的用意是揭示心理保护如何恶化了我们的心理问题。

任何一种心理问题，都有它的“症状”表现。这个“症状”是双面怪兽：既是心理问题的一个表现（一个人有什么心理问题，在语言、行为上肯定有表现啦），又是对它的一种“治疗”。即，当我们表现出某种“症状”时，其实是对心理问题比较另类的“语言疗法”“行为疗法”。

一个人为什么有“洗手癖”？他或是有恐惧感，或是有罪恶感，疯狂地洗手，就是在心理上希望把恐惧感或罪恶感洗掉。

只要不是傻瓜，他当然清楚，他的手已经洗干净了，但是，他控制不了自己，还是反复地洗、拼命地洗，甚至把手都搓出了血，在心理上确认“我已经把手洗干净了”，即“我已经没有恐惧感了”或“我已经没有罪恶感了”才罢休。

他无法控制自己，其实是在内心弱小的情况下，被心理保护的强大力量给控制了，智力结构只能待在一边，眼睁睁地看着这一切。

15. 用一个恐惧去治疗另一个恐惧，其结果就是更加恐惧

在这里我们只盯着洗手者要洗掉恐惧感的情况。假定他的心理问题是这

样形成的：有人或事情伤害过他，那一幕恐惧的情景，在他眼前挥之不去，痛苦地折磨着他。

碰巧，某一天，他洗手的时候，眼前突然又出现了这个恐惧情境，于是，他为了在心理上逃离，便抓住了一根救命稻草，投射到了洗手的动作上。因为，只要把心理上的注意力，集中到洗手上，用洗手的动作来建立一个秩序，他似乎就可以钻进这个秩序里，在心理上逃离那个恐惧的情境了。

就是说，疯狂地洗手，是他对自己的一种心理保护，他正在用这种在别人看来很怪异的动作来对自己的恐惧进行治疗。

之所以手洗干净了还不停地洗，是因为他的安全感还没有得到，恐惧驱使他必须强迫自己加大心理保护的力度，直到在心理上确认建立了一个庇护所为止。

那么，从那时开始，在他心理上发生了什么呢？发生了这件事情：有了疯狂地洗手这个仪式，他就只需要害怕自己没有确认它是否洗干净，是否建立了一个安全的秩序，而不用去面对那个恐惧情境了。但这样一来，如果他不疯狂地洗手，本身就带来了恐惧。

也就是说，在这里，他已经有了双重恐惧：当初的那个恐惧，以及洗手时没有疯狂地搓、建立一个安全秩序的恐惧。用一个恐惧去治疗另一个恐惧，其结果就是，恐惧不仅没有消除，反而在心理结构里严重了、扩大了，他成了“洗手癖”，甚至会发展到连走路、关门，他都会强迫自己有规律地去踩几下、敲几下。

这就是心理保护干的好事。要想不让我们的心理问题恶化，必须澄清一下，当我们做出这些荒谬而痛苦的动作时，这是为什么？

当然，要解决心理问题，我们必须回到让我们恐惧的最初源头。

16. 我们的每一种强烈情绪，都可能凭空捏造一个“事实”，或歪曲一个已存在的事实

现在，让我们来想象一个具有“被迫害妄想”的人，请他为我们演示一

下心理保护是如何控制了他。

这个人，总觉得有人要害他。你的一个眼神、一句话不对头，对于他来说，都是要害他的可怕信号。

鲁迅老前辈——周树人先生在《狂人日记》中所描述的那位狂人同学，其实就是一个“被迫害妄想狂”。比如，他看到没有月光，就知道不妙，看到路上的人的表现很怪，就知道“他们已经布置妥当”，要害他了。

当然，鲁迅老前辈是在编故事，利用小说反封建。

但在现实中，当一个患有“被迫害妄想”的人表现出好像谁要害他的样子时，你一定很清楚，并没有人要害他。那只是他心理上感受，相信有这么一回事。这是一个由他的情绪所产生、认定的“事实”。

这种情绪就是恐惧。

我们的每一种情绪，如果比较强烈，都可能会产生某种我们在心理上愿意相信、但可能并不存在的“事实”。比如，我们恨一个人，就会觉得他丑陋；比如，我们崇拜一个人，就觉得他高大伟岸。

如果推到极端，一个人只看到他的情绪所产生的“事实”，并且亢奋不已，你应该知道，这个人已经不只是有心理问题了，他是一个精神病。

对于商家来说，看到在人们心中潜伏，而且能够迅速传染的每一种情绪、情感，其实就是一个商机，甚至一种产业。

17. 人类的一个荒谬之处在于，当 A 伤害了 B 的心理结构时，为之埋单的，却是 C

我们可以确定：有“被迫害妄想”的人，以前肯定被人害过，尚未走出那种心理创伤。就是说，恐惧仍然在他的心理结构弥漫。

在这里，他有了第一重心理保护，把自己留在当下，而不要被扔回当初被人害时的那种情境。那是一个绝不能回首、重温的噩梦。因此恐惧不能指向过去，不能表现为对以往某事、某物、某人的恐惧。

然而，在这种情况下，恐惧就有向焦虑转化的危险，因为没有一个对象、情境让它指向，这是最让人难以忍受的，因为它意味着不能捕捉、确认，恐惧从四面八方袭来，会让一个人在心理上彻底窒息、瘫痪。

怎么办？第二重心理保护启动：把焦虑转化为具体的、指向现实某人或某物的恐惧。就是说，他无意识地强迫自己想象、确认，是有具体的人要害他。

于是，过去有人伤害了某一个人，把恐惧植入到了后者的心理结构，而为这个心理结构买单的，却是现在的无辜者！

这就是"被迫害妄想"的真相。一个多么让人无奈、备觉荒谬的真相！

我对一些人说得最多的有两个建议。第一个建议是，不要在公交车上和司机吵，即使他脾气不太好，也要让他一点。毕竟，司机开车，要承受很大的心理压力，你们在心理上并不对等。出于尊重，你可以让一个年纪比你大很多的老年人，那么，出于安全和尊重，为什么你不可以让一个心理压力比你大得多的司机？

第二个建议是，不要去惹这个社会上的弱势群体，或一个明显看上去受过一些打击的人，在他们面前趾高气扬，说话蛮横。他们已经受了很多人的鸟气，愤怒潜藏在心理结构里没有爆发，你最好不要去成为这个炸药的引线。

18. 如果一个人走不出过去，就一定会和现在过不去

我们还没有说完。

你一定会觉得奇怪，为什么一个患有"被迫害妄想"的人，会觉得别人原本正常的眼神、语言、动作，好像就是有什么卑鄙罪恶的图谋呢？在恐惧尤其强烈的时候，他还会认为，要"害"他的人，是不是和原来曾经害过他的人是一伙的，他不是想忘掉那些应该也不是什么好东西的人吗？

第一个问题，如果用"敏感"来解释，就不是解释，而是没有解释的能力或偷懒。它无法告诉我们：如果不幸地碰到一个具有"被迫害妄想"的人，我们在他面前该如何说话？

对于这个问题，正确而有效的回答是：因为，当他的心理结构里弥漫着恐惧的时候，他对和他接触的人有两种矛盾心理：既希望认为对方要害他，

从而找到一个外在对象把里面的恐惧投射出去，又害怕体验到对方要害他时的那种来自外部的恐惧。这个时候，他会不会认为对方要害他，判断标准是对方的眼神、语言、姿态、动作等是否在心理上让他感到安全，感到可以控制彼此的关系。

如果你不能让他在心理上感到安全，他会以“被迫害妄想”来在心理上保护自己。这个，有点类似于杨佳杨大侠的经典名言：“你不给我一个说法，我就给你一个说法。”

所以，在和一个具有轻度或重度“被迫害妄想”的人说话时，千万小心。你如果眼神游移不定，玩诡异，玩神秘，玩不屑，表情冷漠，或和他说话有应付嫌疑，你就等着被怀疑有卑鄙的图谋吧。但同时，也绝不可以表现得和他突然之间好像很亲密，反差太大了。

这个原则，同样适用于你和一个比较敏感、比较自卑的人打交道时——这两种人，同样有心理创伤。

第二个问题，在恐惧比较强烈的时候，一个有“被迫害妄想”的人为什么会认为要“害”他的人和以前曾经害过他的人是一伙的？有两种心理保护：一是只有这样认为，他怀疑别人要害他才显得合理，否则，无端地怀疑别人，会有道德压力；另外一种，他强烈的恐惧把他似乎带回到了他最害怕返回的过去的情境，而把怀疑要害他的人看成是以前害他的人的同伙，可以预先来进行心理防御。

我不知道你看到了没有，一个人走不出他的心理创伤，被恐惧攫住，其实也是一个可怜人啊！

一个人的“被迫害妄想”，既是一种“症状”，同时也是对自己的一种

“治疗”。他启动诸多心理保护，变成一个心理动物，是为了让自己好受一些。然而，这些心理保护，或者让他的智力结构不管用，或者只是在重复他产生恐惧的心理逻辑，无一例外地以杀伤他的智力结构、心理结构，恶化他和这个世界的关系为代价。

我们的一个弱点，就是不敢直面过去的心理创伤，因为我们害怕再体验到恐惧、耻辱。而且，过去已经是过去，无法再防御，也无法进攻了。于是，在心理创伤的背景下，我们不敢直面过去，而是对现在产生过激反应。

而我们如果走不出过去，就一定会和现在过不去！

19. 有些人疏远我们，原因可能仅仅是，我们的存在会贬低他存在的价值

我感觉我在分析时，已经有点抒情的意思了。赶快打住。

现在，让我们先停顿 10 秒钟。我想请大家想一个问题：我们为什么会去嫉妒别人？

……

好了，如果还没想清楚，请先看一下我的一个亲身经历。

多年前，我有一次在老家的街上碰到了一位中学同学。那些年，不是什么人都一起追过女孩的，我和别人没有，和他也没有，关系很一般。中学毕业后，大家分道扬镳，据说他四处漂泊，还进过血汗工厂，混得并不怎么样。

所以在分别多年后，当我和他重逢时，在我面前出现的，已经是一个脸上有着“屌丝”夸张表情的男人。

我见到他很高兴，准备和他一起回忆当年旧事，展望美好人生。然而，他的反应非常冷淡，语言攻击性十足：“你们混得不错吧？但我呢？那么惨！”

他用的词是“你们”，暗示两个人已经处于不同的世界。

赫拉克利特说，人不能两次踏进同一条河流。看来，两个已经不同的人，也不能再踏进同一条河流。

一不小心就中枪了，他的意思我懂：羡慕嫉妒恨。尽管我真的是完全无辜的，但只要他认为我混得比他好，我的存在本身对于他来说，就已经是一

种刺激，一种心理上的威胁，他必须用攻击性的语言在心理上保护自己。

我一时语塞。但还是知道，最正确的反应方式，就是赶快猛贬自己，把自己描述得失败无比，非常凄惨，同时，给他一个真诚的、无辜的笑容。

在这个世界上，有些人会莫名其妙地疏远我们，原因仅仅是，我们的存在，在对比中会贬低他存在的价值，让他看到他现在不能接受的自己，或者我们的存在，他已经不想去担忧、关注。

前一种人，是曾经和我们属于同一个群体（同学、战友等），但没有多少友情可言的人；后一种人，则是那些对我们寄予过希望，但和我们并不是一条道的人。

有一点他们是共同的：疏远我们都不是“无缘无故”，都是要对自己进行心理保护——避免受到刺激，或涌上失望的情绪，因为我们不是按照他们的意思来存在的。我们对此感到“莫名其妙”，唯一的解释是对他们为什么会这样并不了解，而且在心理上阻止自己去了解。

20. 别随便用“有病”这类词评价让你不解的人

伟大领袖毛主席教导我们：世上没有无缘无故的爱，也没有无缘无故的恨。事实上，就一个人的心理来说，从来就没有“无缘无故”这个概念，一个人看起来不能理解的语言、行为，在心理上是完全可以理解的。

所以，在人际关系中，当你觉得一个人“莫名其妙”地对你做出什么时，请先阻止自己说出“有病”这类词语！就算你阻止不了自己，接下来也应该冷静地分析、洞察他——“为什么这样”。

换言之，你要做的，不是用一句话把他的行为描述成一种道德现象、神经病现象，而是破解他行为的心理动机，因为在你面前出现的，并不是一个道德家，不是一个神经病，而是一个人，一个心理结构！

21. 对表象的描述无法替代对真相的洞察

有一个在事业单位工作的女生不堪女同事的骚扰，向我求助。这个同事当面一套，背后一套，在她面前扮演好人，而在背后却使劲说她的坏话。

女生告诉我，她几次想发火，当面教训这位“无耻的小人”，但面对凑上来的一张“笑脸”下不了手。她因此非常郁闷，感觉自己被人欺侮而如此懦弱，总是担心这个女同事说自己的坏话，会让自己在单位被孤立。

我问她：“她工作能力没有你强，没靠山，和你也没个人恩怨吧？”

女生惊讶了一下：“啊？我没想到啊。我只感觉她心理有病！”

她心理当然有病！然而，这不是问题的全部真相。其余的，也是最重要的真相是：这个女生被人家嫉恨了。

我很遗憾，女生的反应，表明她只具有用语言来描述别人的行为表象的能力。

我们的所谓感觉、所谓认为，更多时候其实只是一种描述，不是一种洞察！但我们往往以为这就是我们对一个人的洞察，说他是一个什么什么样的人。

这里的思维定势是：从一个人的语言、行为表现，我们往往就会说他是一个什么样的人，以为这就是我们对这个人的了解或判断。

是吧？

然而，我们完全忘记了，当我们这样做时，其实只是对他的语言和行为进行了外在的描述，并不是对内在真相的描述。因为我们并没有对他表现出这些言行的心理结构进行洞察，从中找出真相！

22. 在博弈时，如果你用心理，而对方用大脑，那你就等着被屠杀吧

所以，如果是在博弈中，请把“感觉”“认为”之类会阻止你变得敏锐的词语扔掉！

在博弈中，假定博弈方是 A 和 B。那么，有几种博弈格局：

当 A 投入的是头脑，而 B 只是心理时，B 不失败的可能性非常微弱；当 A、B 投入的同时是头脑，或者心理时，结果如何取决于谁先发制人，谁在头脑上、心理上更强大，以及背后的实力；而当 A 投入的是心理，B 投入的是头脑时，那么，除非有奇迹发生，要不然，A 就等着被人在心理上、利益上屠杀吧。

如果是你的亲人或朋友“莫名其妙”地要求你什么，或对你做出了什么呢？

假如你的反应只是“莫名其妙”“很怪”“没病吧”之类，那么，我替你的亲人和朋友感到遗憾。

因为你的反应，事实上已经向你和他表明：你骨子里缺乏理解、关心他的意愿和能力，即爱的能力。你和他的关系，从你这一方来说，更多的只是一种生物学和社会学的关系，你只是以头脑、心理、行为去回应他，而非进入他的内心。

更遗憾的是，你不知道这一点，虽然，很幸运，他在失望的情绪反应中，也不知道或不愿去知道这一点。

但幸运是不能长期维持一种关系的！

23. 很多人的潜能，都以一种杀伤自己心理结构的方式浪费掉了

绕了一下，可以解密嫉妒在心理上是什么意思了。

在很多情境里，嫉妒就是我们在心里面看不起自己，不满意自己的现状，但是，绝不允许自己意识到——因此，要把心理的能量，投射到一个出现在我们面前、刺激到了我们、让我们看不起自己的人身上！

简单地说，嫉妒就是我们一种隐秘的心理保护。它的普通表现，是不爽、诋毁、攻击他人，借此获得心理平衡；极端表现，则是把自己的失败算到别人头上，通过毁灭别人这个“刺激源”，来在心理上求生。

为什么说一个人嫉妒别人没有出息？因为在心理保护的驱动下，他把应该用来改变自己、提高自己的心理能量，以一种杀伤自己心理结构的方式浪费掉了。

我们中的大部分人，把很多时间和精力浪费在应付盲目而神秘的心理保护上，陷在它的牢笼中，无力挣脱，或不想挣脱，甚至干一些无聊的、痛苦的事情，就是为了能够在心理上求生。如果把自己“解放”出来，会让一个人做出多大的成就，会让一个人获得多大的幸福？

24. 心理保护像幽灵一样无时不在，盲目、强大而无边无际

我想说，无论是当“小三”报复父亲，装失败后使劲辩解，玩孤僻，用“洗手癖”摆脱恐惧，还是嫉妒、自恋、攻击别人，否认某件事情，逃避，别人骂了我们的偶像就不爽，等等，都是在进行心理保护。心理保护像幽灵一样无时不在，盲目、强大而无边无际。

但在这里要强调一下：不是所有的心理活动，都是在玩心理保护。我不喜欢玩夸张这一文学修辞手法。

心理保护是在你的心理生存受到威胁的时候才启动，其他情况就不是了。比如，你爱一个人，当然不是心理保护啦！

Problems

第三章 03

内心深处

1. 我们的存在，就是和自己、他人、世界的对话

我们扛着一个心理结构，事实上就是扛着性格、心理倾向、情结、情感、情绪等一大堆东西在生活，在和世界打交道。

那么，心理保护这个暴君，在我们的内心里，到底是怎么启动一系列心理规律，让我们说了某种话，做了某种事，有了某种情感、情绪，或变成了某种人的呢?

我想，已经到了把“心理结构”和“人”之间的秘密揭开的时候了。让我们走进内心的深处。

在表达的时候，我取用了一种古老的方式，那就是对话，它是哲学的最初传统。

我们的存在，其实也是和自己、他人、世界的对话。

2. 了解了一个人是什么样的人，就可以知道他会说什么、做什么，反过来也一样

有一个职场白领，某一天对我来了一个困惑的表情，这是有话要说的另类开场白。

果然，她问了我一个问题：“怎么会从一个人所说的话、他的行为，就可以看到他的内心呢? 心理分析是不是很神秘，有点难学? ”

我很严肃：“你想学吗? ”

她说：“想啊! 我希望让自己内心变得很强大，我要武装自己! ”

我微微一笑：“那就不神秘，也很简单。你做过小学数学应用题，或解过初中几何题吧? 也学过初中物理? 那，是否还记得‘公理’‘定理’之类的? 对一个题给了你什么已知条件，然后叫你计算什么或求解什么，可还有印象? ”

她说：“记得啊! ”

我说：“道理一样嘛。比如，一个人要在心理上求生，要对自己进行心理保护，就是心理问题的‘公理’；很多心理规律，就是‘定理’；一个人说了什么话、玩了什么动作，就是‘已知条件’；看到他的心理动机，他是什么样的人，就是‘求解’。"

“反过来也一样。”我继续说，“如果你了解了一个人是什么样的人，即他的性格，他的心理倾向，还有他的心理动机，那么，你基本可以知道他会说什么、会做什么。"

她急了，脱口而出："可是我觉得一团乱麻啊，好像没有一个完整、清晰的概念，理不清头绪！"

3. 当我们生气的时候，意思就是“生气是用来帮你干什么的？”

“别急，”我知道她困惑何在，“给自己一点耐心。"

我问她："我们是带着一个心理结构出现在这个世界上的，要在心理上生活，对吧？"

“是的。"

“那么，我们在心理上，是不是和别人有联系啊？比如，你业绩做得好，上司表扬你，你就高兴。但别人嫉妒你，你就不舒服。对吧？"

“对啊！"

“那么，你是什么性格，知道吧？"

“按照您的性格分析理论，我应该是自卑型 + 占有型吧。"

“好。请回答我：知道一个人的性格，是不是完全了解了他？"

“没有。除了性格，还有情绪呢，还有他怎么想的呢。"

“对了！性格是我们在心理结构上和世界最深层的联系。就是说，它位于我们心理结构最深的地方，在这个地方，除了性格，还有其他各种遗传的东西，像心理分析大师荣格所讲的‘集体无意识’都是在这里面。"

我继续说："但是记住，性格指的是心理保护的一种功能，一种让你做这样、做那样的最强大的动力。情绪之类也是指功能，比如当你生气的时候，意思就是‘生气是用来帮你干什么的’。正因为性格位于我们心理结构最深的地方，最难改变，力量也最强大，所以就有了‘性格决定命运’的说法。"

“有人说‘性格结构’，有人说‘心理结构’，您也在说。它们到底是什么关系？”

“不要把‘性格结构’理解成和‘心理结构’并列的东西。‘性格结构’是位于‘心理结构’里面的。之所以说‘性格结构’，是因为一个人不止一种单纯的性格类型，比如你，就是自卑型＋占有型，它们糅在一起，就有了‘结构’。”

4. 当我们的典型性格让自己吃亏时，请发展出另一种性格来弱化它

“我懂了。”她若有所思的样子，“那心理结构除了性格、遗传的东西，还有什么呢？”

“性格是我们在心理上和世界最深层的联系，那当然还有‘中层’‘表层’的联系啦。在心理结构的‘中层’有哪些东西呢？有心理倾向、有情结等。你见过那些自恋的人、固执的人，那些好胜心强的人，那些任性的人，那些刻薄的人吧？注意了，这些就是心理倾向！”

我突然想到了“性格固执”这个说法。

我提醒她：“可能你要问，固执不是被说成是性格吗？我的回答是，那是不严谨的说法，它不是！性格是极难改变的，事实上根本不要去妄想改变它，我们只能发展另一种性格来弱化原来的性格，或抑制它一下。但是，自恋、固执、好胜心强、任性、刻薄等，虽然要改变也有点难度，但还是可以改变的。至于情结，你一定清楚了，弗洛伊德不是说过著名的‘恋母情结’吗？”

“我想我能理解。”

5. 当我们自恋的时候，我们的内心就对世界关闭了

“但心理倾向是用来干吗的啊？”她的兴趣越来越浓。

“一样是用来进行心理保护。性格在做心理保护这件工作时，是全自动的，在你都没有意识到的情况下它就快速激发了。心理倾向的自动化程度也很高，但你有时会意识到它。它就是你和世界打交道时，一种比较稳定的心理保护

方式，就是说，当你受到刺激时，它就发作了，而且，碰到类似的刺激，会一直重复，套路是固定的。这使得它和性格有一个共同点，也说明你是一个什么样的人。”

“我还是不懂，您举例说说？”

“比如说一个人自恋。为什么自恋？自恋就是他感觉无法通过别人肯定自己的价值，于是，为了保护自己，在心理上防止被别人贬损，他就自己动手，丰衣足食，觉得自己很美、很高档、很优秀。只要碰到那种好像要拷问他‘你有多少价值？’的情况，他就表现出自恋的倾向。他其实就是靠自恋来和这个世界玩的。”

“我明白了，看来自恋其实也挺可怜的。”

6. 一个人生气，只暴露出他的心理动机，但如果他一直对这个世界生气，那就暴露了他是什么人

“你应该接着问：心理结构的‘表层’，又有哪些东西，它们又是干吗的呢？”我代她说出了下面要说的话。

“我正是这样想的！”她说。

“好。我的回答是：有情感、情绪啊！但，就心理保护来说，主要是情绪，以及一些极端情感。所以，我讲到的‘情感’，不是指你爱一个人之类的稳定、正常情感，它是不需要心理保护的，因为爱一个人，心理生存并没有受到威胁。就心理保护来说，如果一个人说的话不过大脑，而直接就是从心理结构里蹦出来的，那也算。”

我继续说：“情感、情绪、一些语言，和这个世界的联系不深，我们只能通过它们破译一个人当时的心理动机，但无法破译他是什么人。比如，你看到一个人恨中国足球，看到一个人生气了，看到一个人大言不惭地吹牛，那真不能说明他是什么人，只能说明他当时内心里发生了什么。”

“嗯。情感、情绪、语言，可能在相同的情况中，谁都一样。”

“所以，你从情感、情绪、语言去观察，不一定能够发现一个人A和另一个人 B 的区别，因为他们都可以玩出这些东西，但性格、心理倾向，直接决定了 A 是 A，B 是 B，你一眼就会知道他大概会怎么说话、行动。这些东西就相当于他身上的烙印一样，马上可以把他和别人区别开来。”

“原来是这样！”

7. 当你对某人不耐烦的时候，其实不是对他本人不耐烦，而是他让你焦虑不安

“还有哦，要高度注意。”我提醒她注意，“说情感、情绪、语言在心理结构的表层，什么意思啊？就是说，它离现实最近，当你发火的时候，刺激你的是具体的某一个人、具体的某一件事情，你是在对他、对它做出反应。”

“您会继续提醒我，说心理倾向位于心理结构的中层，又是什么意思？”

“不错。它是什么意思？假设你是一个急性子，那么，激起了你的不耐烦的，虽然是现实中的某一个人、某一件事情，但你针对的，可不只是这个人、这件事情本身，你是以‘自我’去对外部世界做出反应，因为那个人、那件事情，只是和你构成了紧张关系的世界的一部分。你玩一次急性子，就是在重演、固化一次‘自我’和世界的关系。就是说，当你使劲催别人的时候，你本质上并不是对别人不耐烦，而是对他营造出来的、让你感觉不能把控的情境极度焦虑不安！”

“我就是这样啊！”

8. 性格干的，应该是大事，而不是小打小闹

“该讲到性格了。”她说。

“性格我在以前讲过了，不过可以再补充一下，”我说，“它睡在我们内心的最深处，离现实最远，但它设定了我们和世界到底是什么关系，因此最终影响我们的是它。就是说，它干的是大事，是一个人对整个世界说话，而不只是对具体的某个人、某件事说！只有我们把持不住它的时候，它才跳出来小打小闹。一个聪明人，既能在现实中把持住自己的性格，同时又能在内心里利用自己性格提供的强大心理动力。”

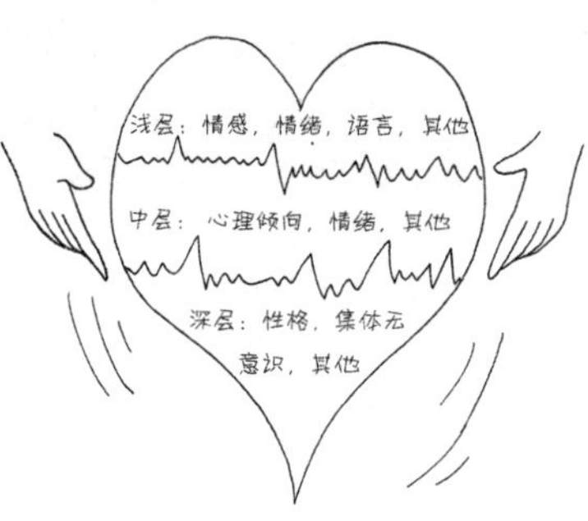

心理结构层次示意图

9. 当我们愤怒的时候，它的心理能量，就把恐惧的心理能量夺过来，恐惧也就消失了

讲了很多了，但这位白领小妹妹执意要我继续讲。

“我一个个地给你讲情感、情绪、性格、心理倾向，到底是怎么玩心理保护的吧！”我提议。

“好啊！”

“假如有人骂了一句‘玛勒隔壁’，从内容而言，他在骂人，但从心理的功能而言，他是在发泄，通过攻击给自己找心理优势，是不是？”

“是。”

“很好。我们就先从情感、情绪，当然，还有语言讲起。想一下，当你有了情感、情绪，说出些不过大脑的话，比如骂一句脏话时，是不是有什么刺激到了你？”

“是啊！”

“你生过别人的气吧？”

“生过。”

“那情感、情绪、语言，在进行心理保护时，它的运作也就太简单了。”

我继续说：“好，有人惹你，你生气了，那么，心理保护，就是这样玩的——我画一张它的流程图给你看看。

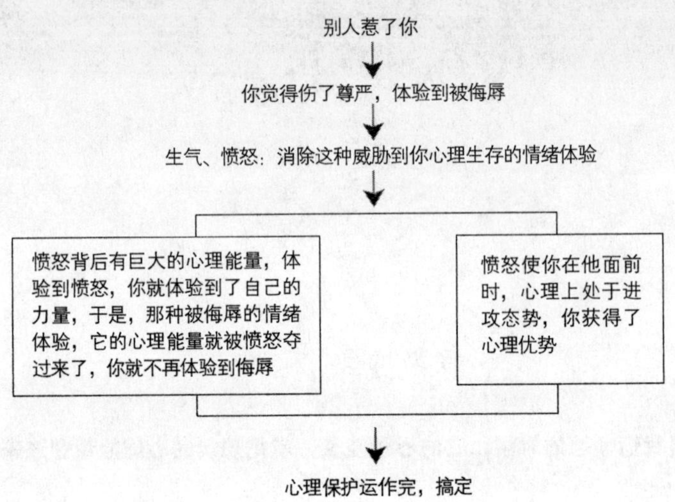

“看懂了没？”

“有一点不懂。愤怒让我体验到有力量，它的心理能量，把我被侮辱的那种心理能量夺过来了？”

“当然啦！只要学过初中物理，谁都知道能量守恒定律，在心理结构中活跃的心理能量，也遵守这个定律哦。”

“于是，心理保护，就通过这种能量的转换，让我从被侮辱、被伤害，变成了有力量，可以进攻？”

“非常聪明！这个秘密你已经知道了：情感、情绪的心理保护，其实就是通过心理能量的转换！”

10. 当你感受到侮辱的时候，意味着，别人可以继续侮辱你

真是一点就通。

我变得很高兴：“别人惹了你，你有被侮辱的感觉对不对？侮辱在心理上，

方向是别人指向你，意味着你是被动挨打，体验它，你只能感受到伤害。所以，为了在心理上保护自己，你要把它转化为愤怒。恐惧也是如此。当你恐惧的时候，方向也是别人指向你，你不仅被动挨打，而且软弱无力，内心风雨飘摇，根本就活不下去。所以，它也要转化为愤怒。"

"就是说，一个人通过愤怒等情绪得到的那种力量，其实只是像气球充气了一样，但他内心是虚弱的，因为引发它的是恐惧？"

"回答正确！加 10 分！现在，我们要给情感、情绪的心是怎么玩的搞一张逻辑图式，以便一眼就看懂。"

"嗯，是什么？"

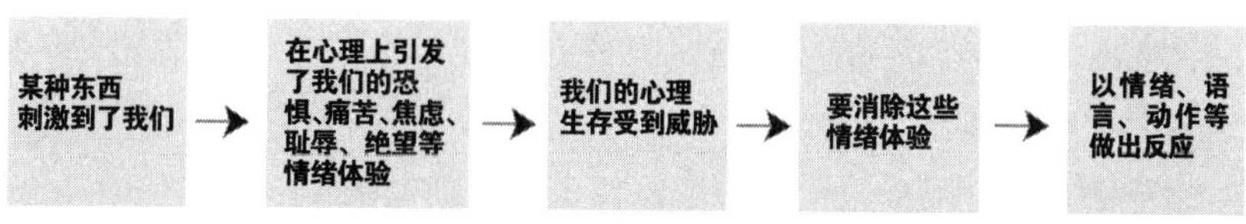

"懂了。"

11. 一个人的性格越容易被激活，他越焦虑不安

"接下来，我们看一下心理倾向。至于性格，我在《世界如此险恶，你要内心强大》里已经讲了。我给你描述一下它的逻辑图式，剩下的事情，翻书吧！"

我描述了一下：

一个人在他的过去，由于和外部世界在心理上的关系，形成了某种性格，比如自卑型性格、占有型性格→或者推动他去满足自己的欲望，改变现实，改变自己，使心理生存得到满足；或者，性格被现实情境激活，表现出来。

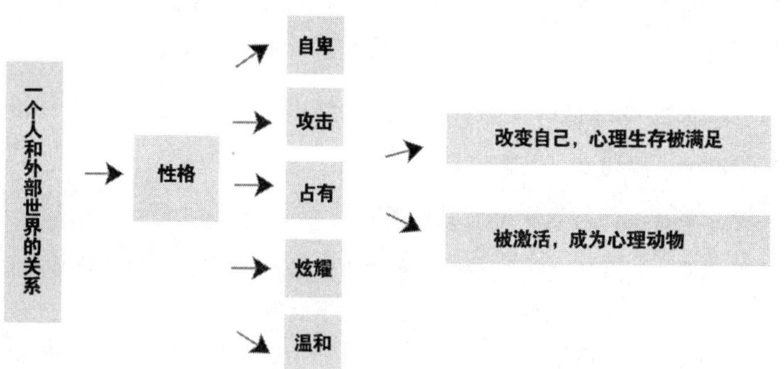

“但是注意了，一个人的性格如果容易被别人，或者一件事情激活，那就表明他内心很焦虑、很不安——因为只有在这种情况下，他才那么容易出动性格，来在心理上保护自己。”我提醒她。

12. 玩一次固执，就是在心理上重演一次你对世界的防御

“好，你看到了情感、情绪、语言，以及性格的心理保护是怎么玩的，那么，心理倾向的变化，你可以想象吗？”我力图让自己变成一个循循善诱的人。

她说：“嗯，要不，您提示一下？”

“当一个人被刺激时，情感、情绪、语言，是当场发作，过后就消失的对不对？但是，一个人的心理倾向，他是自恋的、固执的还是任性的，在他发作之前已经形成了。是吧？”

“是啊。”

“那它的心理保护，和情感、情绪、语言，一定有些不同。”

“我也是这样想的。”

“那，是不是可以这样描述：他过去形成了某种心理倾向，它是心理保护的固定模式，然后，遇到某件事、某个人，就被刺激出来了？比如说，一个人固执，有人想说服他，但是，他害怕被说服，于是，就表现出固执来？”

“大致如此。但还是先让我们来看一下，一个人为什么固执呢？我们先走进他的内心世界。”

“好，我也想看看。”

13. 说服一个固执的人的最好办法就是让他自我说服

“记住，‘固执’这个词，不是描述智力的词，而是描述心理的词，即它描述的不是智力结构的状态，而是心理结构的状态。所以，当你准备说服一个人的时候，要知道，说服的是他的心理，说服头脑是没用的。”我提醒她。

“嗯，那固执的人到底是怎么回事？”

“固执的人，不是他头脑在坚持什么，而是在心理上，一定要坚持和他‘自

我’能够联系起来或等同的东西，无论是观点、风格、做事的方法，还是别的什么，否则，他就感觉到他的‘自我’被他交了出去，将遭受没有价值和被人控制的危险，这样，他在心理上将感受不到安全感。”

“于是，他不会听别人的话？”

“不错。但他不是听不进去一个道理，而是希望这个道理是‘他自己’知道的，而不是‘别人的’。”

“那有什么办法可以说服一个固执的人？”

“很简单。知道了一个人固执在心理上是怎么回事，你就可以对症下药。最有效的有两招。”我侃侃而谈，“第一招，让他最亲的人、信任的人对他说话。因为面对这个人，他无须过多地玩固执来在心理上保护自己，而且，他玩固执，会有道德压力。第二招，设法让他自我说服，这就需要你的引导。”

“嗯，我以后试试。”

“你一定要问：那么，心理倾向的心理保护逻辑图式又是什么呢？”

“对啊！”

“是这样：由于过去的经历，一个人在心理结构上，形成了和世界打交道，用来保护自己心理生存的固定心理倾向，比如是急性子，比如很固执→在某个情境里，他的某个固定心理倾向被刺激→心理倾向等表现出来，对自己进行了心理保护。很简单吧？”

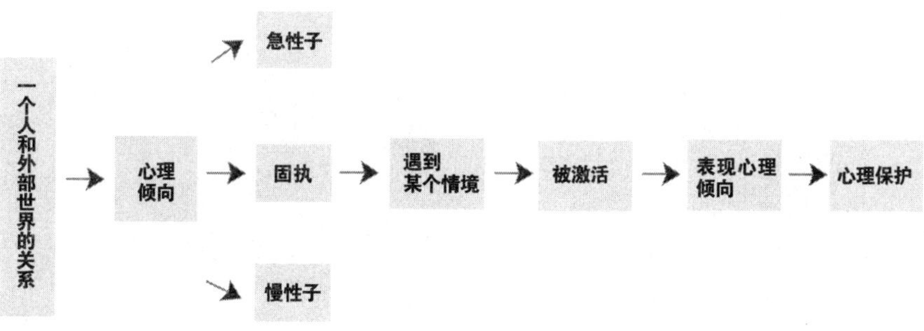

“我看明白了。”

Problems

第四章 04

心理指数

1. 内心强大指数、心理保护指数、心理动物指数的高低，综合来看，大致可以衡量一个人的层次，揭示他的人生命运

如果把话说得糙一些有利于我们看到真相，那么，我并不拒绝这样做。

经过《世界如此险恶，你要内心强大》，以及前面的讲述，有一个问题出现了：说一个人内心强大，说他是一个心理动物，说他在玩心理保护，这三者之间有联系吗？

回答是：有。我想说，它们之间的联系，和牛 ×、傻 ×、装 × 之间的关系有点像。

一般的情况是：

a. 一个人越内心强大，就越不需要靠玩心理保护的游戏来生活，他的心理动物指数就较低——正如他越牛 ×，就越不需要装 ×，离傻 × 的档次也远一些那样。

b. 一个人如果是一只心理动物，那么，他就太喜欢玩心理保护了，内心强大的指数也就较低——正如他如果是个傻 ×，那么，一定喜欢装 ×，也很难牛 × 一样。

c. 一个人如果被自己的心理保护控制，那么，他的心理动物指数就较高，而内心强大指数则较低——正如如果他喜欢装 ×，也很容易变成傻 × 一样。

一个内心强大的人	→	不需要玩心理保护游戏	→	心理动物指数低
一只心理动物	→	太喜欢玩心理保护了	→	内心强大指数低
一个被心理保护控制的人	→	心理动物指数高	→	内心强大指数低

还有特殊的情况，请注意了：

d. 如果在心理保护的强大动力涌上来的时候，一个人能够把持住它，不让它在心理结构里发作，即把持住自己的性格、情绪，把它转化为实现自己目标的最深远的驱动力，那么，他就内心强大，心理动物指数、心理保护指数也较低——正如他的装，不是为了在心理上获得牛 × 的感觉，而是博弈、礼貌等需要，他也可能通过装 × 变得牛 × 一样。

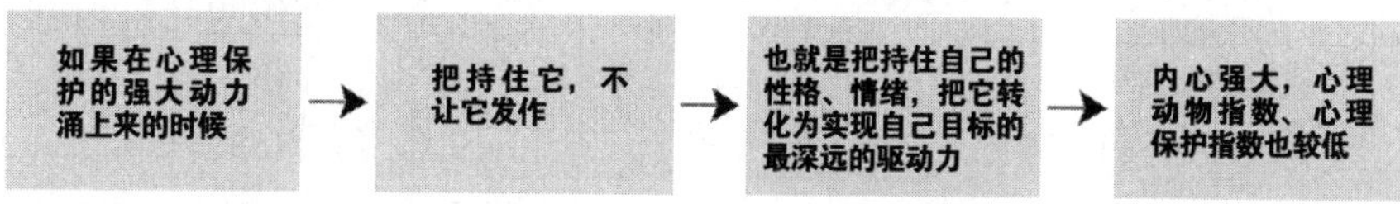

内心强大指数、心理保护指数、心理动物指数的高低，综合来看，可以衡量一个人的精神档次，揭示他是个什么样的人。

2. 一个人在心理上如果进入妄想状态，那么，他是无敌的

为了考察一下内心强大、心理保护、心理动物之间的联系，以及它们各自指数的高低，我邀请了五位中国人民熟悉的朋友来和我合作。下面，我们先请著名的“精神胜利大法”创始人阿 Q 先生出场。

人物：阿 Q

职业：流氓无产者，革命“逗”士

事迹：一系列的“精神胜利”

心理动物指数：★★★★★

心理保护指数：★★★★★

心理强大指数：★

特征：心理保护随时变成语言、动作发作出来

我们都知道，经济学把人假设为一种“理性的经济人”。那么，阿 Q 大哥究竟是什么人呢?

很清楚，无论是从文学，还是心理学的角度看，他是典型的“心理人”：被一系列心理规律操纵。当然，Q 兄也是一种精神，一个符号，一堆心理结构。

我们来唤起中学的记忆，考察一下 Q 兄的“精神胜利大法”是怎么玩的。我想说，“精神胜利大法”其实就是心理保护，而且是心理保护中最低档、最垃圾的一种玩法。

还原一段阿 Q 和别人约架的情境。

某月某日，有闲人在微博上取笑阿 Q 头上的癞疮疤，假装惊讶地说："哇，头上亮起来了哦。哈哈。"

阿 Q 大哥的心理保护被启动，生气了。一个人生气了，对他人在心理上就具有进攻性、防御性。但闲人显然有备而来，没有被吓住，继续攻击他。

愤怒看来还不足以获取心理优势，那么，就用蔑视吧，一个体验到蔑视的人，会体验到他在精神上、价值上对另一个人的居高临下，而这种精神上、价值上的优势，当然会转化为心理优势。于是，Q 兄迅速在内心里说出"你 TM 也配"这句经典名言。

但闲人还在挑衅，于是双方在公园约架。

事后，据闲人在微博上公布战果："揪住黄辫子一根，在壁上碰了四五个响头。"闲人并且表示："我全身而退，毫发无损，没给未庄老少爷们儿丢脸。"

在心理上我们的 QQ 是不是被击溃了？ NO。

作为革命"逗"士，他还有一招最厉害的心理保护，即让自己快速进入妄想状态，在心理上任意设定自己和别人的关系，并让自己活在这样一个自我世界里："哈，我总算是被儿子打了……这个世界，真是道德沦丧……"于是，在微博上，他也心满意足地宣布胜利。

我曾经看过一个在美国的华人学者，名叫林毓生，说 QQ 大哥是"几乎全靠本能生活和行为的动物"。我会心一笑，但要纠正一下，准确的说法是"全靠心理保护生活和行为的心理动物"。

3. 我们对一种东西欲壑难填，是因为我们从未走出某个过去

阿 Q 是一个心理保护几乎随时都会变成语言、动作发作出来的人。

但有的人不会，他们的心理保护变成了不能满足的欲望，而且非常强烈，人生的成就感就系于此。比如著名的表演艺术家阿希同志，至于阿希的真实性，套用 TVB 的一句话：本人物纯属虚构，如有雷同，纯属巧合。

人物：阿希

职业：演员

事迹：参与了多起流出艳照事件

心理动物指数：★★★★

心理保护指数：★★★★

心理强大指数：★★

特征：被性格、欲望控制

假设阿希是一个参与了多起流出艳照事件的公众人物。那么他到底是个什么人呢，有什么强大的心理动力让他那么好这一口？

我的回答是：按照弗洛伊德老师的理论，他是一个“肛门人”，即是我在《世界如此险恶，你要内心强大》中所讲的性格理论中的“占有型性格”。

让我来抄录一下弗师的理论，看什么是“肛门人”。先说一下，“肛门人”不是骂人的话，这是严肃的精神分析术语。

弗老师把人的性心理发展划分为5个阶段：口唇期、肛门期、性蕾欲期、潜伏期、生殖期。其他我就不抄了，只看一下“肛门期”。

肛门期在1.5～3岁间，里比多（弗老师的专门术语，意指性能量，好像有点神秘主义，不过这里不用管它）在这一时期里与肛门联系起来。小孩子通过体验粪便的保持和排泄而很爽。

但是，大便是脏的啊，父母要叫他赶紧排泄啊，也就是要让他不爽啊。于是，小孩就有一种对抗，你要叫我屙的时候我偏不屙出来，而你不叫我屙时，我偏要屙出来，哼！

这意味着什么？弗老师说，如果一个小孩特喜欢这样干，很可能他的性心理发展，就固定在了这一阶段。也就是说，虽然他长大成人了，但在心理上并没有长大，还是一个处于“肛门期”的小屁孩，即一个“肛门人”。

好，我们不去纠缠“肛门期”的理论，而是可以借用“肛门人”这个概念来描述占有型性格的特征了，因为性格正是一个人在小时候发展而成的。

“肛门人”的特征是：他喜欢控制，喜欢占有，不断地想要占有，而且欲壑难填——占有各种在社会价值排序上高档的东西，比如金钱、美女、权力，就是他解决自己的心理需求、人生问题的方式。

“肛门人”是这种样子。那么，阿希是如何炼成一个“肛门人”的？

他可能具有如下人生经历，并因此产生了相应的心理后果。

a. 幼年时，全家不停地搬家，甚至十年搬了十多次家。

心理后果是：没有确定性。

b. 少年时，知道了家庭的真相：父母早已离异，他一直被善意地蒙在鼓里。

心理后果：有被欺骗、耍弄的感觉。萌生对父母的报复心，并投射到别的男人、女人身上。

c. 青春期，爱上了一个女孩，遭到背叛。

心理后果：不再对这个世界，尤其是女人投入真感情。他要报复，而报复的方式是不停地占有、攻击（包括占有后的抛弃等）。

嗯，到走进阿希的内心世界的时候了。

我们来问第一个问题：阿希为什么那么热衷于猎艳，而且确实也艳福不浅？

回答是：作为“肛门人”，他没有控制住自己的性格、欲望，让自己心理保护的动力用在别的方面，比如学习后面我们要讲的乔布斯同志。当心理保护控制他的时候，如果不占有一个个年轻漂亮的女人，他的心理问题、人生意义就得不到解决。

而且，猎艳、占有还会继续下去，因为永无满足。

第二个问题：他为什么对做“人体艺术摄影”那么感兴趣？

对于一个“肛门人”来说，在这个世界上没有什么“爱”，只有“做爱”。但是，“做爱”是极为短暂的，转瞬即逝，他确实占有了，但一会儿又溜走了。所以，仅仅是“做爱”，无论有多少人和他做，在心理上都不可能满足他的占有欲！

那怎么办？搞“摄影”啊。因为他一搞“摄影”，就把占有给固定下来了，抓牢了，每翻一次照片，都可以体验一番占有的快感。而且玩的花样越多，快感越强烈。

但仅仅是这样，仍然不会过瘾！

因为你虽然通过摄影技术把占有给固定下来，一辈子都可以翻看，但它具有私密性，仅限于自我陶醉而已——对于一个用泡妞来治疗自己的高调的“肛门人”来说，自我陶醉怎么可能让他满足？

所以，按照一个人占有的性格，存在着这种可能：进行艺术摄影后，如果把它从自我欣赏升级换代为让所有人目睹，见证自己的占有，那么，占有的伟大行为，就变成了一个公共事件，超越私人性而进入历史了。这种占有，就具有了永不消逝的意义！

4. 如果一个人干一件事情，成为他对自己存在价值的一种论证方式，那么，他将很难收手

阿希的“光辉”形象告诉我们一个道理：有的人，如果习惯于用下半身思考，用下半身生活，那么，他一定有占有的焦虑，也容易沦为心理动物。

一个容易对女人产生不健康想法的男人，很多时候并不是他真的厉害，而是在心理上饥渴！

方舟子不是这种档次。他是用上半身思考的。下面，有请方先生上场！

人物：方舟子

职业：打假斗士、科普作家

事迹：打假

心理动物指数：★★★

心理保护指数：★★★

心理强大指数：★★★

特征：用逻辑陪世界玩

“方舟子”这个著名的中国打假品牌得罪的人实在是太多了，而且，我下面将分析，以他的性格，注定还要一直得罪下去。

值得注意的是，方舟子的打假少有失手，经他打假而身败名裂的人，名单可以列出一长串——而就算他在事实上没有证明一个人是假货（这取决于多种原因），在逻辑上，也具有一定的说服力。

另外，他似乎心理极为强悍，就算遇到无数谩骂，甚至包括被“锤击”，情绪也几乎没有被撩拨出来。

心理分析讲究客观、中立，如此才能看到真相。所以，无论是在过去的方韩大战中，还是在别的事件里，我对谁是谁非不做评价，但对于方舟子的智力结构和心理结构则很感兴趣。这是一个什么样的人呢?

先看性格。

如果你看过《世界如此险恶，你要内心强大》，懂得我们从心理保护入手进行性格分析，应该能判断得出来，方舟子是自卑型性格——没错，就是自卑型中拥有某种理想、理念的那种人！

我真的想说，对于这个世界来说，忽视这种人实在是太愚蠢了。他要坏的话，可能就像希特勒那样，拖着这个世界一起玩完；他要深刻的话，会像康德老师那样把这个世界的真相彻底揭开给你看。

德国诗人海涅就非常清楚这种人的能量。他当时就警告过德国人，不要小看那些冥思苦想的哲人，他们头脑里产生的“雷霆万钧的力量”可以摧毁一个世界。法国大革命，看起来和康老师们没关系，但它不过是康老师们的“头脑风暴”的延续而已，没有康老师们在观念上先打倒一个旧世界，革命者想砍国王的头，不仅是做梦，而且是做梦都没想过！

方舟子当然没那么夸张。但是，请注意，希特勒是做不成艺术家，才成为种族主义运动狂人的；方舟子在心理上也有点类似（我绝不是在暗示方舟子和希特勒在“是哪一类人”的意义上有点像！我是指的心理机制，如果我说在某一件事情上，你的心理机制和李嘉诚有点像，同样也不暗示你以后就会成为李嘉诚），做不成科学家，于是选择打假。对于他来说，无论打假有多少名利考虑，一定是性格驱动、要在心理上克服对这个世界自卑的结果。

就是说，打假，在方舟子那儿是对自己存在的一种价值论证方式。他怎么可能收得了手?

而在打假时，想象着自己站在了科学、真理的一边，如有神助，他怎么可能不心理强大?

不仅仅如此。我们再来看一下他的智力结构和心理结构。

方舟子最为人所熟知，也是心理强大的一个特征，就是把外界的信息，拦截在智力结构里进行解读，不让它们刺激到心理结构，引发出情绪，因此也几乎没有暴露出内心的信息。就是说，你很难让他沦为一个心理动物。

他之所以能够做到这一点，是因为用逻辑能力对自己的头脑进行了武装。

我想遗憾地说出这一点：一个人如果习惯于运用文青的语言和思维方式，那么，碰到方舟子这种人，他会极不适应，因为“文青”式语言和思维，最大的特点就是不讲究逻辑推理，语言中携带着太多的情绪、情感、价值偏好、道德指责等，它们在逻辑面前，因为有很强的心理能量和进攻性，看起来很有优势，但其实是纸老虎，根本就伤不了对方的智力结构和心理结构。

因为非常简单，你这是在用心理结构陪别人的智力结构玩，如果对方心理强大，你就等着被屠杀吧。

“文青”式语言和思维，在本质上是对自己内心焦虑、动机、欲望等的一种暴露，而且在进攻时，只是以气势压人，完全不知道如何防御，自己把漏洞露出来了还不知道。对方只要用智力结构冷静地抓住你的漏洞，一招就可击溃你，甚至，如果他很邪恶，还可以操纵你的心理，把你逼疯。

所以，一个“文青”如果不幸地碰到了一个难缠的“理工男”，该怎么办?两个办法：用逻辑陪他玩或者不和他玩。一颗逻辑的头脑最害怕的是什么?是他的推理，没有得到信息的反馈、验证，而这样，这种推理也就是一个假设!

一个叫蒋方舟的女作家，不知道是自己聪明，还是背后有高人指点，看来是懂得这一点的。

我想说，因为方舟子属于自卑型性格中的理想者、理念者，所以，你攻击他本人完全没有什么用，在心理上他已不再是他本人，而是科学、真理的一部分，因此他根本不可能沦为心理动物，任由心理保护发作。

但是，他也不是没有软肋，他的软肋就是老婆和女儿。她们构成了他的自我，而这个自我则是属于他本人的，和科学、真理没有任何关系，因此也是弱小的。所以，当别人攻击到他的老婆和女儿时，他的智力结构相对之下就沦陷了。

这么干该在道德上进行怎样的评价？我相信每个人都会有自己的判断。

5. 有些人的努力，是为了告诉世界：贬低他、无视他的存在将是一个错误

我已经多次说过，自卑型性格的人，不等于心理倾向，以及情感、情绪上自卑的那些人。后者容易沦为心理动物，只要有人鄙视他，马上就会启动心理保护，但前者则不一定。

方舟子也许只能说明他自己。但有一个人会证明，自卑型性格的人，可能也是非常牛的，而且可以从一个“屌丝”成长为高帅富。他就是“苹果教父”、著名的国际资产阶级战士乔布斯。

人物：史蒂夫・乔布斯

职业：发明家、企业家

事迹：发明 iPad、iPhone

心理动物指数：★★

心理保护指数：★★

心理强大指数：★★★★

特征：把性格的心理保护把持住，变成一种改变自己和世界的强大驱动力

我真想说，乔老板是自卑型性格的人学习的好榜样。

如果一个人的自卑被刺激出来，他要改变自己，克服自卑，那么，他对世界会有以下三种反应模式。

a. 一个“屌丝”被女神鄙视，然后，他拼命赚钱，最后，开着一辆豪车，

准备到女神面前炫耀一下。

不用说，这种对世界反应的模式最低档。他改变的只是自己的某一方面，只是想要在社会价值排序上往上攀爬，而且，含有报复心态。

b. 一个人从小被人鄙视，于是，发奋苦读，或拼命赚钱，多年后，终于成为成功人士。

这种对世界反应的模式为大多数人所采用。他改变自己，并不仅仅是做给某一个或一群人看，同时也是在做给自己看。但是，这种模式只意味着一个人是要修改自己和“社会”的关系，没有涉及他的存在和世界的关系。

c. 一个人从小因各种原因对世界有自卑感、无力感，于是，追求对世界的改变。

这就是有大出息的自卑型性格的人的玩法。他对自卑感、无力感的克服，用经典精神分析的话说，已经进行“升华”了，不再纠缠于当初那些刺激过他、伤害过他的情境。他把自己放到了存在的高度，追求对自我的超越、对世界的改变。只要他做到了这一点，那么，在这个世界面前，他的存在及其价值、力量就得到凸显，因为他不再是一个在世界面前无力的人，而是可以引领世界、把控世界的人。

乔布斯就是这样。

看一下他的经历：

a. 出生即被母亲抛弃；

b. 性格孤僻，没有朋友，常被别人看作是“怪物”；

c. 同学聚会的时候，他也总是一个人坐在角落里沉默不语；

d. 他不仅头发和两肩齐平，而且经常赤脚，穿邋遢、破旧的衣服，借以从外表来显示自己与其他所有人的不同；

e. 打地铺住在其他同学的宿舍，靠捡 5 美分的可乐瓶维持生活；

f. 每周日步行穿过整个城市到寺庙吃施舍的食物，这时他才能饱餐一顿。

看到没有？从童年开始，布斯兄就是一个被这个世界抛弃、贬低的角色。这种存在不被关注、重视的感受，让一个人体验到深深的自卑和无力感，他的自卑型性格从被抛弃的那一天就形成了。

基于心理保护，他玩了很多恶作剧，以及破罐子破摔，凸显个性。那个阶段，他性格所产生的心理保护，随时都在发作，根本就把持不住，更谈不上升华，几乎就是一种心理动物。

但后来，他大彻大悟，把持住了心理保护在心理结构中的发作，把它变成了一种改变自己、改变世界的最强大的驱动力。

乔布斯为什么一直那么牛、站在世界潮流的前方呢？秘密在这里：

过去那个让他自卑、无力的情境，已经深入心理结构，跟着他进入了“现在”。所以，如果他不用“认命”来保护自己，他就必须改变自己，改变“现在”，从而在这个世界中凸显出来，感觉能够把控这个世界。哪怕他取得了一点成功，也不能停下来，因为他一停，“现在”又让他自卑、无力了。所以，一个自卑型的成功者，从来就是一个和“现在”过不去的人。

乔帮主曾经说过一句话，泄露了天机。他说：“我的一切努力都只为让母亲明白将我抛弃是个错误。”

我想说，这句话不全对。母亲只是“世界”的一个代表。在心理上，他所做的一切，还为了告诉这个世界：贬低他、无视他的存在将是一个错误！

6. 真正有智慧的人拥有无知者缺乏的镇定

一个人的存在如果达到了哲学的高度，那么，他就很难沦为一个心理动物，其心理的强大，足以让人震撼。在这方面，苏格拉底代表了最高的境界。

人物：苏格拉底

职业：哲学家

事迹：和人探讨“正义”，遇到挑衅，最后成功地让别人承认无知

心理动物指数：★

心理保护指数：★

心理强大指数：★★★★★

特征：用理性武装了自己的存在

我在《世界如此险恶，你要内心强大》中已经提示：在这个世界上，理性之所以具有不可战胜的力量，是因为它对人构成了一种真正的说服。

苏格拉底的心理强大正是由此而来。

在这里我想继续揭示，当一个人的理性能力很牛的时候，你要想让他变成一个心理动物，刺激出他的心理保护，几乎是妄想。

苏老师的一生，是在大街上与人辩论的一生，是把哲学拉到人间的一生，也是教会人们如何辨析什么是幸福、什么是美德的一生。

在这个过程中，当然得罪到了一些人，也有一些人不爽他。我印象最深的一个场景，是他和一个叫色拉叙马霍斯的人的辩论。

我们情境再现一下。

苏老师正和别人讨论“什么是正义”，别人说了几次正义是什么，都被苏老师一一揭穿这不是正义。色拉叙马霍斯站在一边，早就对苏老师不满，而且似乎也发现了苏老师的命门，几次三番地想插嘴，狠狠地教育一下我们的苏老师，但都被旁边的人给拦下了。直到苏格拉底稍一停顿，他便再也忍不住了，一个箭步冲上来大声吼道：

苏格拉底，如果你真是要晓得什么是正义，就不该光是提问题，再以驳倒人家的回答来逞能。你才精哩！你知道提问题总比回答容易。你应该自己来回答，你认为什么是正义。别胡扯什么正义是一种责任、一种权宜之计，或者利益好处、报酬利润之类的话。你得直截了当地说，你到底指的是什么。那些啰唆废话我一概不想听！

色拉叙马霍斯这个人比较有意思，实际上也不是一个容易对付的人，如果生在现在，他一定是著名公知，微博上的大V。在这里，我要先对他进行一点简单的语言—心理分析（具体的语言—心理分析在本书第三部分）。从他的语言特征上看，他是一个急性子（想知道急性子是什么心理的，可以先跳到后面第八章去看），而从性格上看，属于占有型+攻击型的人。这样的人，有点聪明，有点自我中心主义，而且是一个现实主义者。

他是什么人，想干什么，苏格拉底当然一眼就可以看出。但是，苏老师要装作被他吓住了，以便诱敌深入。果然，这位色兄狠狠地出招了。下面，我摘取性地抄录一下苏老师的弟子柏拉图的《理想国》，把他们的争论展示一下。

色：要是关于正义，我给你来一个与众不同而又更加高明的答复，你说你该怎么受罚吧！

苏：除了接受无知之罚外还能有什么别的吗？而受无知之罚显然就是我向有智慧的人学习。

色：你这个人很天真，你是该学习学习。不过钱还是得照罚。

苏：如果有钱的话当然照罚。

色：那么，听着！我说正义不是别的，就是强者的利益。——你干吗不拍手叫好？当然你是不愿意的！

苏：我先得明白你的意思，才能表态。可这会儿我还闹不明白。你说对强者有利就是正义。色拉叙马霍斯啊！你这到底说的是什么意思？总不是这个意思吧：因为浦吕达马斯是运动员，比我们大伙儿都强，顿顿吃牛肉对他的身体有好处，所以正义；而我们这些身体弱的人吃牛肉虽然也有好处，但是就不正义？

色：你真坏！苏格拉底，你成心把水搅浑，使这个辩论受到最大的损害。

苏：绝没有这意思。我的先生，我不过请你把你的意思交代清楚些罢了。

好，由于他们的争论太长了，我无法一一抄录，而且，也没必要再抄了，因为两人在博弈时，各自的智力结构、心理结构的状态已经一清二楚，输赢也已经确定。一个高手在走一步时，就已经预见到了后面对手的几步，甚至十几步，而对手则一无所知，直到被击败时，才看到这一点，但已经晚了。

苏格拉底所用的，其实就是两招。

一招是装傻、装无知，用哲学的术语讲就是比较谦虚的“反讽”。这一招是专门用来对付自我感觉良好的人的。当对方似乎真理在握，一心想证明他是白痴时，他承认自己不懂，然后，请对方再说得明白一些，这样，对方的攻击就落空，并且被他拖着去回答一个个问题，主动权由此转到他手里。这就像一个好勇斗狠的混混儿，在一个太极高手面前进攻一样，后者可以轻轻接过前者的攻击，顺势一推，就可把对方摔倒。

注意，当苏老师玩反讽的时候，是假定除了和他争论的人，还有旁边的听众的，事实上，他装无知，是诱导对手暴露，但旁边的听众，都知道他是装的，而且那个对手暴露了。

还有一招，就是澄清。在后面讲心理分析的方法时我会讲到。在这里提示一下就是：因为对手虽然提出了某个观点，但这个观点是什么意思，以及是否有理由支持都不清楚，很可能就是“我认为如何如何”而已。这个方法一用上，争论的过程就变成了澄清观点是否成立的过程，而结果当然是，对手发现，其实自己对自己的观点，只是想当然地认为，根本就没有搞懂。

其实，苏格拉底所用的这两招，因为经常使用，色拉叙马霍斯肯定是太熟悉了，而且，在苏老师和别人讨论时，他已经在一边观摩了一段时间，应该懂得如何对付苏格拉底。然而，他太急躁、狂妄了，被教育苏格拉底这么一个可恶的人的渴望所控制，因此变成了一个心理动物。

到最后，色拉叙马霍斯是输得没有一点脾气。他的狂妄、牛气，在澄清的过程中，已经消失了。

这场争论，在哲学史上非常有名。苏格拉底的表现堪称完美。美国的一个哲学大牛沃尔夫曾经对此评论：“苏格拉底的沉着与色拉叙马霍斯的急躁形成对比，这正是柏拉图要告诉后人的教训，因为他和苏格拉底都相信：真正有智慧的人拥有无知者缺乏的镇定。”

用我们的话说，你是很难让一个真正有智慧的人沦为心理动物的，而无知者则必定经常这样。

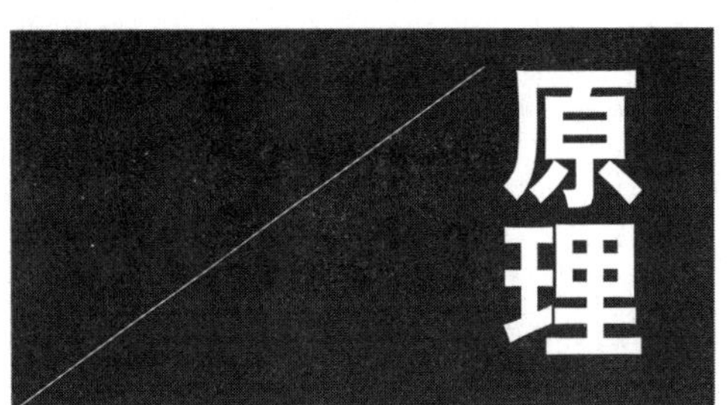

Part II

hold!

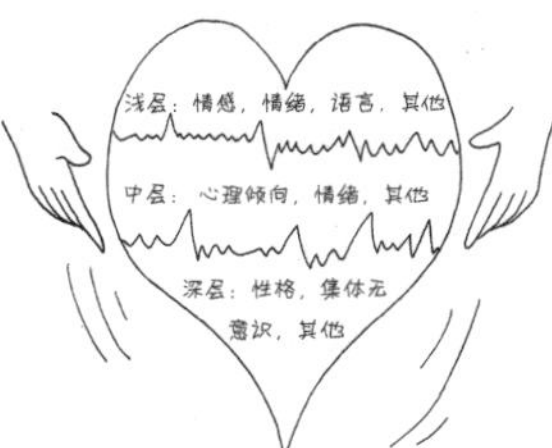

原理 theories

我曾经看到有心灵上受过伤的女生这样问：为什么男人看起来比女人要坚强一些呢?

这个问题，让我产生了揭一揭男人老底的冲动。

男人可不是什么特殊材料造成的。他看起来要坚强一些，那是因为他和女人有一个区别：他不是用内心去和世界接触，而是用头脑，用价值观念之类的东西去和世界接触的。就是说，他内心里有一层“保护皮”。如果受到打击，首先被打击到的就不是内心，而是这张“皮”。

就是说，男人看起来坚强一些，不是因为他是男人，而是因为他在头脑上、心理上和世界的联系，使他有更强的心理防御!

如果不信，你打击的并不仅仅是他那张“皮”，而是直接击中到他的内心，看他还坚强不? 想一想那些失恋的男人是什么样子!

和男人相比，女人在很多时候以内心去感触世界。她一旦“投入”某种关系和情境中，往往是整个“身—心”的投入，一旦被打击，心理后果较为严重。因此，她比男人更追求一种“安全感”，抓住某种可以让自己获得心理保护的东西，哪怕它只是一种感觉。

不幸的是，很多泡妞老手或高手，恰恰可以利用这一点!

他们太清楚了：只要在女人面前营造出一种“安全感”（无非金钱、权力、负责、有力量之类），她们马上变成心理动物，给自己找到了一个“投入”进去的理由。因为，一旦有了“安全感”，不需要这帮臭男人动嘴，女人都会自我说服!

柏拉图同学借苏格拉底老师的嘴，喊出了一句“世人都在梦中生活，唯有哲人挣扎着要觉醒过来”。我们也在心理动物的状态中生活，不同的是，如果我们看到了“我们为什么会成为这种样子”的原理，我们也可以醒过来。

模仿一下海德格尔老师的经典句式：心理是我们的家，而世界，是心理的家。

Theories

05

第五章

我们栽在了哪些心理规律上

陷入“心理动物”的状态，被心理保护像幽灵一样攫住，虽然对于某些人来说是一件挺伟大的事情（比如宗教极端分子、政治狂热分子，以及“脑残粉”），但残酷的后果是：我们失去了一系列本来就有的能力，或者，它让我们不具备某些可以用来安身立命、追求幸福和成功的能力。

关于这些能力可以列举出一个很长的清单。在下面，我只列举出了其中五种常见，又对我们来说非常重要的能力，更确切地说，是失去这五种能力的表现。

很多人平时就栽在失去了这些能力，或不具备这些能力上。

我们失去或不具备的其他一些能力，当然也很重要。但我在本章就无法一一讲了，只是在后面会有所提及和剖析。

■ 表现一：无法洞察自己正在犯下愚蠢的错误

1. 看到了恐惧，我们就应该跳出来，而不是任由它驱使

一个人干了一件蠢事，并没有什么奥秘，其中的一个原因无非是：他当时根本不知道自己所说的话、所做的事情，在心理上真正是什么意思，也看不见它的后果。

有一个做外贸生意的老板曾经给我打了一个电话，他和我有一面之交，请教我：该如何说服一个“自我中心主义”的人？

他说，手下一个部门经理在报关时让他损失了十几万元，但一直把责任推到别人身上，推到客观原因上，表现得很自我。

老板强调，这点损失倒没什么，但他很担心，部门经理的态度，以后会不会让他继续犯错？

我马上明白了这个老板的意思：想让部门经理走人，但还需要一个理由来说服自己的心理（不是头脑），以便做出艰难的决定。而我，似乎可以给他一个理由。

我拒绝就此发表评论，这也不是我关心的问题。我问老板，这个部门经

理当初是怎么进公司的，他是不是有什么背景？老板回答我说，当初是一朋友推荐过来的，也挺有才能的，平时自我感觉挺良好，没听说有什么背景，女朋友也不是什么官二代、富二代，也是在职场上做一个办公室白领，而且，他们好像还没有买房。

我全明白了：这位兄弟，真是犯傻了！

既然把事情搞砸了，无论是不是他干的，作为负责人，起码要承担责任，向老板表达一下歉意、检讨。作为朋友推荐过来的人，并且还有点才能，老板当然会原谅他。

但自我感觉良好和恐惧把他害了。

他把“我有能力”太当一回事了，搞成一种很夸张的“自我”，似乎能力被怀疑、被否定，在心理上就要了他的命。因此，损失十几万元，他心里面似乎想象着别人一定在取笑自己，而老板找他说话，似乎也是对他的价值的致命一击。他忘记该做的是什么了，而只是盲目地在心理上保护自己，把责任推出去，自己的能力，在心理上似乎就没什么可怀疑的了。

他根本就没有洞察到，当他推责任的时候，是为了安慰、保护那个靠“我有能力”填充起来的自我，看不到自己这样做，会传递给别人什么样的信息。

真相还不止这一点。

要看到，他玩“跟我没半毛钱关系”的Pose，并不是为了激怒老板，从而离开公司。事实上，他对于离开公司还有恐惧。但具有讽刺性的是，他用来治疗离开公司的恐惧的药方，恰恰让别人产生了把他扫地出门的想法！

可以想象一下：损失十几万元，他立刻在心理上进行这样的推理：“啊？那么多？这个错误够大的，老板肯定很不爽，肯定要叫我走人，怎么办？我不能说是我的问题，不能！要不然老板就叫我走了。嗯，都是别人的问题，是客观原因！就这么说！”

他看到了自己的恐惧，但陷进去了，也只看到自己的恐惧，因此没有看到，这样的言行对于别人来说意味着什么！

我不由得想说一下。其实，在我们说什么、做什么时，同时就洞察到它是什么意思，应该是一种基本的洞察力。毕竟，它们不是无缘无故的。你都不明白自己在做什么，岂不很盲目？

只是，心理保护管不了那么多，就像弗洛伊德老师所说的“本我”一样，它只追求自己的满足。在它启动的时候，我们的头脑和心理的功能，基本上已经报废了一部分，因此失去了对行为的观察和控制。

■ 表现二：即使知道自己正在犯错也不阻止，或干脆一错再错

2. 一错再错，是为了做给别人看的

部门经理在推卸责任的时候，并不明白自己是在做什么。但有的人，明明知道自己在做什么，但并不阻止自己去干蠢事，甚至一错再错。这又如何解释？

我的回答是：第一，他在内心深处，压根就想犯错，以便惩罚自己！

请想象一下：假如有一个人男 A，深深地爱上了一个人女 B，但由于家庭的激烈反对，终于失恋了。那么，他有没有可能就此“堕落”，指天骂地，胡吃海喝，把工作以及人际关系都搞得一团糟？

为什么？因为他痛恨自己的懦弱！让自己混得非常烂，就是在惩罚自己。

这么玩，一个人还会在哪一天醒来，根本不用太担心，因为他只是在心理上保护自己一下，让自己好受一些。情绪冷却了，也就意识到荒谬了。

但有的人，在心理保护的控制下，一玩就很难收手了，宁愿一错再错。

这是为什么呢？

其实也不复杂。这样的人在干了一件愚蠢的错事时，突然天才地想象、感觉到有无数目光在盯着他，嘲笑他。他一错再错就是为了回击这种目光！因为当他有意识地再犯一次错，在心理上，此前的错误就合理化了，而这次也已经不是犯错，而是为面子和尊严而战！

如果你还不理解，让我们想象一下：为什么有的小孩不幸沾上一点坏习气时，家长管得越粗暴，他越叛逆，反而使劲去学坏？

正确的解释是：这是一种以有意识或无意识地败坏自己的方式对家长的

报复!

也许小孩刚沾上坏习气时，只是好奇。但是，家长的粗暴管教，却威胁到了他固执地要维护其独立性的“自我”，这样的“自我”很受伤。因此，“叛逆”既是维护自我独立性的一种方式，同时也是报复家长的方式，因为他构成了家长“自我”的重要一部分，他越学坏，在心理上，自己此前做的事就越正确，家长就越受刺激和伤心。

一错再错，在很多时候不是一个小孩真的对那些坏的东西那么有瘾，而是为了做给自己和家长看的!

3. 上帝说，要有光，于是就有了光。我们的光就是心理分析

在这里，我想暂时在小孩的问题上停留一下，因为现在的小孩确实不好教育了。加上“狼爸”“虎妈”“鹰爸”“羊爸”“苦修爹”之类在家教江湖里呼风唤雨，争论不小，一时还真让人无所适从。

如果你已为人父母,请仔细看一下吧,如果你还没结婚,那有点“知识储备”也挺好的。

上帝说，要有光，于是就有了光。我们的光就是心理分析。下面，让我们用它来照亮一下小孩的心理世界。

4. 如果你要让一个人知道有些事情是他不能做的，那么，请从一开始就让他知道他要得到某些东西并不理所当然

一个小孩自从降生于这个世界上,就开始了心理上的诞生和成长。一开始,妈妈的世界就是他的整个世界。他在心理上完全生存在妈妈那儿。因此妈妈的存在，以及母爱非常重要，不看到妈妈，缺乏母爱，孩子在心理上的成长就会受到阻碍。相形之下，在这段时期，爸爸是否存在倒不太重要。

但我当然不是暗示爸爸在不在无所谓。

在小孩三四岁时，自我发育得快了。这个自我的成长要健全，既需要母爱，也需要父亲的力量，缺了任何一方，或任何一方显得过度，其心理都有缺陷，

这个过程会一直持续到他七八岁以后。

而从七八岁开始，他更多地面对着父母亲以外的世界，更需要父亲的力量，母亲的存在和母爱变得次要。

小孩到了十三四岁以后，自我开始有独立倾向了。而要独立，在心理上就不需要父母再罩着他，他要摆脱父母的保护和控制。这就是我们经常看到的叛逆。这个时候，父母对于他来说，在心理上就不太重要了。

我们能够看到“狼爸”“虎妈”为什么能够成功地管住孩子了。因为他们在小孩很小的时候就开始这样管了，而且始终如一。

在小孩还很小的时候，他们把自己绝对权威的伟岸形象植入了小孩的“自我”，以至小孩在以后的成长中，心里就一直有这么一个让他敬畏的权威盯着，在这个权威面前，他是多么的弱小。

产生的就是这样的心理后果：既然无法反抗，我就说服自己，这个权威这样管我是对的——而且，我说服自己，最好不要让我知道，否则我觉得我会痛苦地挣扎，它出现的最正确方式，就是一种我意识不到的心理语言。

这是一种什么样的心理？“受虐狂”心理。

而“狼爸”“虎妈”们——请恕我直言，无论如何标榜自己，都多少有一点“施虐狂”的特征。

我不想对“狼爸”“虎妈”们教育方式的成败做出什么评价。但我必须指出它的心理后果：这样教育出来的小孩，往往心理弱小，心理上固着在了让某个权威罩着的阶段，独立应对这个险恶世界的能力较弱。要从权威那儿解放出来，找到独立的自我，没有一番剧烈的挣扎是做不到的。

如果一定要我就教育方式给出建议的话，那么，我并不完全摒弃“狼爸”“虎妈”们玩的那一套。如果你不想你的孩子以后无法无天，那么，从他很小的时候就树立父母的权威是绝对必要的。就是说，当他在地上打滚撒泼的时候，当他无理地要这样要那样的时候，请从一开始（注意这个词！）就不要纵容，而是不惜以武力为后盾，坚决制止。

就是说，你有必要让他从很小的时候就明白：有些事情是不能做的，他绝不是理所当然地可以得到某些东西的。

在自我成长的过程中，一个小孩的自我如果渗入了这样的内容，他将对自己有所控制，对某些东西有所敬畏。

所有对小孩的狠劲到此为止。剩下的，是你对他的“言传身教”，以及对他独立性的尊重。我能够给出的建议也到此为止。

现在我们回看一下，假设“狼爸”“虎妈”们是在小孩五六岁以后才对小孩如狼似虎，还镇得住吗？从力量的方面当然是没问题的，但在心理上只有两个后果：或者，他们终生生活在心理创伤的阴影中；或者，他们要报复！

5. 女儿懂道德、有修养，是母亲教出来的；儿子有力量、聪明，是父亲示范出来的

到了看一下“羊爸”所谓“成功”秘诀的时候了。

和很多人想象的可能不一样，“羊爸”不只是发挥了平等主义和不干涉主义的伟大精神，更主要的是破除了父母和子女的身份界限，在情感上和儿女打成一片，把家营造成了一个“人人平等，人人如兄弟姐妹”的共产主义乐园。

看上去很美，很其乐融融对不对？但我不得不说，这样做在心理上是失败的。

请想一下，当父母，尤其是父亲和女儿的关系，变成了朋友、玩伴的关系后，在心理上会有什么后果？

最原始的爱和安全感缺失啊！

一个孩子在成长的过程中，需要的是从父母那儿得到爱、得到安全感，而它们的前提，就是在心理上、行为上不能破坏“父母—子女”的关系。“羊爸”破坏了这一关系。他的女儿得到的，其实只是友情而已。但友情本来不应该是父母给的！

如果父母给的是友情，而不是爱和安全感，一定会有这样的后果：子女一开始就活在人际关系的虚假之中！他们会追求一种装的氛围，然后把它看成是真实。

说到这儿，我们展开天才的想象——如果“羊爸”教育的是儿子呢？

答案可能让人恐惧：这样的儿子，在心理上会变成一个女人！

原理一点都不深奥，就是一个男孩或女孩在自我开始发育成长时，他们需要从父亲、母亲那儿得到什么。

男孩需要得到什么？从母亲那儿得到爱和安全感，从父亲那儿得到力量感。而女孩呢，对力量感要求不高，主要是从父母那儿得到爱和安全感。所以，如果父亲扮演一个小男人的角色，和他像是一个玩伴，这样的一个男孩，在心理上很难成为一个男子汉。

做一个父亲，可以不在女儿面前扮演一个理性的、权威形象的男人，但在儿子面前一定要！

我们继续换一个问题：如果父亲和母亲的角色互换呢？也就是说，母亲非常有力量、权威，是一个“严母”；而父亲则非常软弱，是一个“慈父”，在孩子的心理上会发生什么？

我想说，这种情况，对于儿子来说，就是一个悲剧了，他会变成一个缺乏安全感，缺乏力量的小男人，懦弱、恐惧，容易成为受虐狂。

对于女儿，也不是什么好事。她会继承老妈的优秀传统，甚至更出色，你在生活、工作中所见到的很多泼妇、脾气暴躁、具有很强的控制欲和施虐倾向的女人，就是这样培养出来的！

女儿懂道德、有修养，是母亲教出来的；儿子有力量、聪明，是父亲示范出来的！

现在，让我们看一下“苦修爹”。我对他表示祝贺，因为他对孩子的这种“同甘共苦”的训练，年龄段选得很好，是在孩子 9 岁的时候。这种训练在 12 岁之前都是有效的。

但假如孩子已经十三四岁甚至更大一些了呢？我不得不提醒一下：想当一个“苦修爹”，除非你拿出让孩子觉得他和别人比可以引以为傲的东西，否则，已经受到社会价值排序影响的孩子说不定不仅不会懂得吃苦的意义，还可能会受到刺激。

“社会价值排序”是什么意思，它的社会心理机制又是如何运作的，是《世界如此险恶，你要内心强大》的重点内容，在这里我就不再讲了，我假定你已经明白了它的意思。

基于此，我强烈建议白领和公务员同志们去做一个“苦修爹”！

在关于孩子教育的问题上已经停留太久了，让我们先打住，在后面的章节涉及的时候再进入孩子的心理世界。

■ 表现三：破译不了别人内心的语言

6. 当一个人被怀疑干了一件坏事时，要成功地消除怀疑，所出示的证据，在说服力上一定要强于怀疑出示的证据

如果我们有破译别人内心语言的能力的话，这多么重要。如果我们因陷入心理动物的状态失去了，或不具备呢？我将表示非常遗憾。

关于这个能力，在这一节里我先预热一下。

一个人的表情、姿态背后，往往就是他内心的语言。

而他的穿着也往往就是内心语言的外露，或让别人认为他想说什么。

还有，嘴巴里说的话，同样可能是内心语言的传达，或者是包装，或者是否认，但总可破译！

我想请问：当一个人被指控涉嫌强奸时，如果他在法庭上穿着很酷的短袖花纹衬衫，看起来雄性激素发达，一脸猥琐、轻浮，在人们眼里，这会是什么意思？

还是我来回答吧。如果他是这样玩的，那就等于对法官和所有人说：“是的，关于我强奸的指控都是真的，你看我多么像一个强奸犯！”

人类在心理上是非常好“先入为主”这一口的。当一个人被指控强奸时，就会有一个关于强奸的“事实”储存在人们大脑中，期待得到证实或证伪。而对证实的心理期待，远强于对证伪的心理期待！

就是说，人们在心理上，更期待一个人“强奸”的“事实”得到确认，而对证伪他“强奸”则有所抵触。

这真的很残酷，而且也不公平，但却是确凿无疑的事实！

因为，如果一个人被指控干了一件什么坏事，这件坏事的各种信息马上构成一个模糊的图像成为人们大脑里的表象。同时，它在心理上激起了人们的道德情感，为了想象自己是一个好人，并在别人面前具有道德优势、心理优势，人们在心理上就愿意接受涌入头脑里的这个表象，并期待它被证实是真的。

如果一个人被认为干了一件好事呢？呵呵，情况就相反了。当然，政治和商业的造神运动，并引发了偶像崇拜的情况除外，因为它们利用的，是另外的社会心理机制。

所以，我请大家记住这一点：当一个人被指控和怀疑干了一件坏事时，要成功地否认各种指控，消除怀疑，所出示的证据，在说服力上一定要强于指控和怀疑出示的证据！

因为，只有你的证据足够强，才能作为新的、更清晰的图像进入人们的大脑，驱逐原来储存在人们大脑里关于那件坏事的表象，并使他们在心理上认可，除非已经进入妄想状态，否则肯定无法坚持原来的期待了。

而从博弈上来说，在别人已经有你干坏事的表象时，如果你在表情、姿态、穿着等方面居然主动来迎合人们的这个表象，我只能表示无语。

好莱坞明星梅尔·吉布森同学就干过这样的蠢事。他因涉嫌家暴案上过法庭，虽然穿着黑色西装，却将白色衬衫的领子摊在外边，一副傲慢而无所谓的恶俗形象，等于说“我就打了，又怎么样”，他喜欢把自己推到一个不利的位置，自然谁也拦不住。

7. 当我们知道一种东西是怎么失去的时候，就知道怎么把持住它

如果你一点也没有识破别人内心语言的能力，我建议直接跳到本书第三部分去看，有点印象后，再返回来。

但我想每个人多少是具备一些的。在这里，要问的是：这种能力是如何失去的？又如何具备它？

知道是怎么失去的，才可能一直把持住它！

而如果我们在头脑和心理上敏锐一些，从一系列的蛛丝马迹中，透过各种假象，“听”到一个人心里真正说的和想说的是什么，其实也不是什么难事。

假设你突然处于困难之中，向一个所谓的朋友借钱，他面露难色：“我手头正好没多少钱了，你看……”你觉得还听不懂他真正说的是什么，还需要再说下去吗？

如果你真的听不懂，不仅仅是社会经验的问题，更重要的是，你在借钱的那一瞬间，已经完全陷在“我好想从他那儿借到钱啊”的希望、焦虑里了。你心里愿意相信他答应借钱给你，害怕他拒绝的事情发生，因此，你根本就不会去解读他说这话的真正意思是什么，而只想着让他答应你！

而把他的话翻译成内心语言就是：“不好意思，我不想借给你，为了不得罪你，也让大家表面上都有点面子，我只能这样说。你应该知道我的意思吧？不必再说了，去找别人吧。”

要听懂这类内心语言，是非常简单的，把持住自己的希望、焦虑即可。

当然，一个人的内心语言，如果都那么容易被我们听懂那就好了。我们在很多情况下听不懂一个人的内心语言，还在于无法分析语言和心理的关系，在捕捉信息并迅速解读上非常迟钝。而这，就需要进行心理分析的训练。

比如，微博上偶有“直播自杀”的事件发生，结果当然是绝大多数都没有死成。当一个人把自己要“自杀”直播出来，排除炒作的那类，他真正想说的是什么呢？

破译一下他的内心语言就是：“我太痛苦了，看来只有死才能解脱。但我真不想死啊，你们快来安慰我，快来阻止我吧！这样，我就感觉到没有被这个世界抛弃了，还有那么多人关心我，我还是重要的，我有理由不死了！”

我想，你应该懂了：对于这人，你要给他一个不死的理由，而绝不能刺激他。

我个人对于那些当别人要跳楼时在下面喊“快跳啊”，当别人说要自杀时喊“快死啊，你怎么还不死啊”的人，表示强烈的谴责和极大的愤慨！

8. 当我们觉得一个人有点“怪”的时候，接着要想的是：如果我是他，我会怎样？

听不懂别人的内心语言，我们有时候就无法对别人的期待、暗示做出正确、有效的回应。而如果他向我们发出的，是求助信息呢？

有一个记者曾经问过我这样一个问题：为什么有的男人在外装得很严肃，回到家里却喜欢向母亲或老婆撒娇？

好像可以有这样的解释：这个男人从小撒娇时没有一次撒个够，因此长大后要寻找补偿；或者，他可能有某种特殊癖好，想要扮演一个小女孩的角色。

我要说，不是这样子的。

真相是：他太累太累了。

请想象一下吧：一个心理不够强大的男人在外面打拼，为了在心理上、利益上保护自己，随时要装，是不是很累？而回到家，由于要承担着男人的角色，而且已经是大人，不可能向母亲、老婆抱怨或倾诉自己很累。

但一直这样，一个人是要崩溃的。有什么办法可以让自己不崩溃吗？有，他无意识地采取了一种叫作“退行”，就是在心理上倒退回婴儿时代的心理保护，以撒娇来变相地表示自己很累，向母亲和老婆发出一个信号，希望得到她们的关爱。

这不是他故意要这样玩，而是无意识的，是很累后进行心理保护的结果！

我真的希望，全天下的母亲和老婆，都能看到这一点。如果只是觉得他有点怪，我真的替他感到遗憾。

我们不能只按自己的意思来理解别人，也应该从别人的角度来想想：他为什么这样？

■ 表现四：在心理上自我下套

9. 当我们恨别人时，至少有一半是为了掩盖对自己的恨

我们最恨骗我们的人，但多数人不明白，当我们涌起强烈的恨意时，至

少有一半是为了掩盖这样一个残酷的事实：我们也骗了自己，而且直到现在都不敢面对！

一个最容易被骗的人，其实也是一个最容易自我欺骗的人——他平时越自我感觉良好，越接近“心理动物”的神圣状态，在阻止自己知道这一点上越成功。

一个最容易被骗的人，其实
也是一个最容易自我欺骗的人。

人生最大的荒谬，莫过于我们在心理上给自己下套，还乐此不疲。

10. 在自我欺骗的大道上，人最容易走得豪迈无比，义无反顾

如果一个人不敢面对自我，他被骗实在是没什么奇怪的。要追问的是：他为什么不愿意醒过来呢?

在这里，我要揭露一个惊天秘密。你可以在现实中，在微博里对号入座，看看可以描述哪些人群。

想一下，当我做出了一个判断 “那里有一个人”时，我想请问：在我不是无聊地喃喃自语，而是在对你认真地说的情况下，如果没有一个人在那儿，我是不是有点难堪?

而在这个过程中，发生了什么呢?

发生的是这样一个心理事件：当我说出“那里有一个人”时，为了证明我不是个睁眼瞎或弱智，从而维护我的心理生存，同时（注意这个词！）头脑也给心理结构发了一道命令：“帮我一把，在心理上否认会有‘那里没有一个人’这种事实的存在！”

也就是说，我们的头脑做出一个判断时，因为被否认就会威胁到“自我”，具有一种“自我证明”的性质，但它确实是不能“自我证明的”，因此干这件事情，就拜托给了心理——而在维护心理生存的路线方针政策上，心理结构当然要和它保持一致。

我们平时判断错了一个东西，被人指出，之所以没有那么沮丧，是因为：a. 控制了心理的发作，不让它起作用；b. 可以用“人不可避免地会出错”来合理化；c. 还有“我可以继续发现正确”的自信。

但是，如果我们不是在头脑上做简单的判断，而是投入了感情呢，本身就是心里想去相信什么，崇拜什么，信仰什么呢?

答案很清楚：我们开始了在心理上自我欺骗、自我下套的伟大旅程，走得豪迈无比，义无反顾。

11. 神一造出来，要粉碎就难了，因为那些跪拜在神脚下的人会跟你拼命

神一造出来，要粉碎就难了，因为那些跪拜在神脚下的人会跟你拼命。

弗洛姆老师曾经拿偶像崇拜者来分析受虐狂的心理。现在，我拿一种比较另类、时尚的偶像崇拜者，即网络、微博上所说的“脑残粉”来揭示一下一个人被人忽悠，然后自我忽悠的心理机制。

注意了，“脑残粉”可不是说的广大粉丝同学。关注不是崇拜，喜欢不是崇拜，分享不是崇拜，崇拜了也不一定就是“脑残粉”。

“脑残粉”是一种特殊的心理人群，一种心理的寄生虫。这些人，也是社会价值排序的狂热信徒。他们比谁都更容易处于心理动物的状态。

他们和偶像好像有一个契约：似乎自己不会存在，不会表达，把存在交到偶像那儿，让偶像代替自己存在；把头脑交到偶像那儿，让偶像代替自己“表达”——然后，骂人之类的事情，他们来干。

“脑残粉”内心是没有什么价值感的，事实上，他们充满了焦虑，因此无法在心理上独自生活。但他们往往自我感觉良好，是不是很怪？其实不怪，自我感觉良好正是要在心理上求生，逃避那个没有价值的自我，而寄生在名人那儿，分沾了名人的价值属性，自己似乎也真的高档了，可以像一个市侩一样鄙视别人。

好，假定他已经成为一名光荣的“脑残粉”战士了。再假定偶像被人质疑了、揭露了，接下来会发生什么？

你可以想象得到：他会成为伟大的炮灰！

原因很简单，当一个人成为“脑残粉”后，如果偶像被质疑，他就会遇到两重心理的生存危机。

一重是：偶像一倒，寄生在偶像那儿的他在心理上就完蛋了，树倒猢狲散，他被打回了没有什么价值感的那个原形。

另一重复杂一些，但也不难理解。他去做一个“脑残粉”，本来是去沾人家偶像的价值属性的，但如果偶像被证明是造出来的，岂不证明自我感觉

良好的他就是个弱智，被人骗了？而按照他所崇拜的社会价值排序，一个弱智的排序极低——那，不仅沾不上偶像的价值属性，自己连“头脑正常”的人都不如，这是怎样的心理后果？

所以，他只要做了“脑残粉”，就必须维护偶像的“伟光正”。这不是他多么无私，多么有献身精神，相反，恰恰是自私，他只是为了维护自己的心理生存！

有人对“脑残粉”为什么一直看不见对偶像不利的任何言行感到不解。问题是，他敢看吗？他在心理上要保护自己啊！只有看见了他心里愿意看见的，他才安全。

所以，对于质疑者来说，你的质疑如果没有出示百分之百的证据，以至于“脑残粉”要否认就得承认自己是个神经病，那根本就不要妄想“唤醒”他们。

“脑残粉”的最大悲剧，其实是想寄生在偶像那儿时，把自己的尊严、价值也一并押了上去。这就是他和我们很多人的根本区别，我们在做别人粉丝的时候，可不是这样的，也不会把自己弄成这样。

所以，他必须不停地对偶像下注。这是一个在心理上不断地自我欺骗、自我下套的过程，最终输掉的，当然只是他自己。

■ 表现五：无法澄清自己的言行

12. 当我们自以为懂得很多道理时，其实我们只是在“审美”，什么都不懂

人常常自作聪明，我们好像明白很多道理。

但我要强强地问一句：事实真的如此吗？

看一下下面这段名言警句。在一些书和微博里俯拾皆是。当然，它也会被某些人挂在嘴边，一边说给自己听，一边说给别人听，以表明他具有非常深刻的人生感悟。

如果一个人因为你的钱或转化为钱的能力而尊重你、巴结你，他爱的最终是钱，不是你，你不值得高傲。如果一个人因为钱或地位而看低你，他看低的是钱和地位，也不是你，你也不值得自卑。

这段话，我们平时都知道，或别人一说我们就觉得自己也知道，有没有？还可以说出一长串经典名言，比如，某女士就有这样的“经典妙语”风行一时：

人绝不能看轻自己，但也别太看重自己。面子是别人给的，脸是自己丢的。不会尊重别人起码也要学会自尊。一个从没有嫉妒过别人的人，是缺乏上进之心的平庸之徒；一个从来没有被别人嫉妒过的人，是庸庸碌碌的无能之辈。人应痛苦地清醒着，而不应麻木地快乐着。倘若无奈，你可以“厚颜”但不能“无耻”！

这段语录够“哲理”够煽情吧？在微博上，我看到无数人奔走相告。问题是，尽管以为自己懂得这些道理，但在别人巴结我们的时候，我们仍然高傲；他们看低我们的时候，我们仍然自卑。我们不断地用某女士的语录来提醒自己，但仍然看轻自己，仍然嫉妒，仍然麻木地快乐着……

这些道理好像全派不上用场，一般情况下只能用来装，表演给自己和别人看。

这些道理是不是中听不中用？

我想请问：当我们说出或欣赏这些“哲理名言”，一般是在什么时候？肯定是在我们把一些事情搞砸，碰到人生中的麻烦，或想用来安慰他人时。我们用优美而智慧的语句，告诉自己或别人应该这样不应该那样，感觉好像挺爽。但除此之外，什么都没有发生。

为什么？我们如果澄清一下它在心理上的意思，就是当我们念出这些“哲理名言”时，我们其实只是在“审美”。就是说，这些话只具有临时性地安慰我们和他人那颗受伤的心的功能，它们只是作为外在的供我们欣赏的东西出现，并没有进入我们的智力结构和心理结构！

13. 对自己说“我一定会成功”，绝不是自我暗示，而是自我强迫!

有一件事让我很感动。

在清华大学给学生讲心理分析的时候，曾经有一个外校的女生，大老远跑来听并问我一个问题。她已经快毕业，面临一个“毕业后工作还是考研”的选择。她说，她很想工作，但又感觉，也许读研后竞争力更大一些，尤其是她父母非常想要她考研。在这样的压力下她很矛盾，问我怎么办。

我直接给出建议吗?不能。我首先要给她澄清，她的想法在心理上是什么意思。

是什么意思呢?正如我一语揭破的：她想工作，其实是对父母养自己那么多年感到愧疚，想早点报答父母——或者准确地说，她是对那么多年在父母的期待下读书，感觉有压力，想解脱出来。

也就是说，无论是想工作还是继续读书，都不是基于她真正的兴趣。她的矛盾在于：一方面因为想摆脱父母的压力，想通过工作来解脱，但在竞争很大的情况下，对未来又没底，存在继续读研以摆脱这种焦虑的幻想；另一方面，读研又意味着要承受父母的压力，所以又想工作。这是一个正反馈式的循环链条，陷入到这里面，痛苦可想而知。

这就是对她的想法在心理上是什么意思的澄清。看到了这一点，就可以砸烂这个循环的心理链条走出来了。该怎么做非常清楚：读研，选择自己感兴趣的专业读!

现场还有一个同学问了一个同样是和考研有关的问题。他说据说自我暗示是一种很好的方法，可以让自己坚定目标，所以他一直在自我暗示“一定要考研，一定会考上”。

这是在自我暗示吗?正如一个人在干一件事时对自己说的“我一定会成功”，然后好像就更能成功而不是搞砸?不，所有这些情况都不是自我暗示，而是自我强迫!

在心理上，对自己说“我一定要考研，一定会考上”是什么意思?这绝不是通过暗示，给自己信心、力量、“正能量”之类，而是一方面对考研成功没有把握，有怕考不上的焦虑；另一方面，现实压力太大——而解脱这一切的，唯有想象自己可以考上。所以，在心理上，他要做的，就是强迫自己把持住，投入到这种想象里，只有在这种自我强迫所维持的想象里，他才能获得安全感。

在这里我想告诉大家，适度的自我强迫，即偶尔玩一下是可以的，因为它对于目标的不坚定、懒惰、懈怠等是一种提醒。但是，如果一直这样自我强迫，一个人就会逃避现实压力、对未来有恐惧，而不是正视它们，在它们面前强大起来。甚至，它会让一个人陷入精神上的紧张状态，搞不好会有心理问题。

14. 当一个人不甘心的时候，他想到的，可能就是对自己的补偿

前面讲的是想法和语言在心理上的真正意思是什么。行为上的呢？

社会上“兽父”、老师“性侵”幼女的事似乎越来越多了。对此该怎么解释？无数浅薄的评论家扔几句“道德沦丧”以为就搞定了。但这等于什么都没说，因为“道德沦丧”谁都知道，只是一个外在于人的心理的、对社会现象的表层描述。

我来残忍地捅出真相吧！

原因非常简单，这些人在一切向钱看、心理竞争恶化的今天，感觉活得很失败、很不值，而幼（处）女，作为一种稀缺资源，被纳入到了社会价值排序里面，“性侵”，也就是占有、掠夺幼（处）女，成为他们人生的最后补偿和对这个社会的报复！

在这里，我要继续残忍下去，再想多说一句，友情提示那些因为老公出轨、嫖娼而痛苦不已的女士，他这么干，不一定是因为花心，而可能就是对你的一种报复，对自己的一种弥补，而且不是一次就可以弥补的。

原因很简单，无论他是否爱你（与爱无关），对和你过一辈子可能都感到有些遗憾和失落，随着时间的流逝，在心理上他感觉越来越老，补偿自己，并进行报复的心就越加强烈。由于出轨或嫖娼只是在心理上让他爽一下，他的弥补和报复根本就得不到真正的满足，内心里停不下来，理论上永无歇止。

所以，该怎么做，你懂的——不是和他吵，因为他内心认为你欠他的，那就以弱者、以爱的姿态出现，让他有道德压力，感觉到他欠你的！

反过来，如果是一个女人出轨，也不一定是她不爱老公，而可能是对就这样和老公过一辈子有些许失落和遗憾。出轨，即是对自己的一种弥补。

Theories

第六章 06

用理性来武装

1. 被训练用语言文字装，一个人只会人格分裂

1968 年 5 月，法国大学生在巴黎街头举起了造反的义旗。他们嘴巴里念着一个人的名字。

这个人就是美国哲学家马尔库塞同志。当时，他和另外两位 M 同志——马克思同志和毛泽东同志——一起被并称为“3M”（每个人名字的第一个英文字母都是 M），是革命群众心中的精神偶像。

他最著名的理论，就是揭示社会有一套对人进行洗脑的机制，一个人一不小心，就会被洗成“单向度的人”。所谓“单向度的人”，通俗地讲，就是“脑残粉”“一根筋”。

法国大学生们对老马的理论进行了总结，喊出了这样的口号：“托老师和考试的福，六岁就开始与人竞争”“社会是一株食人花”。

看到法国大学生这样，我不禁唏嘘慨叹。社会是一株食人花，这不是很夸张，但六岁就开始与人竞争算什么？在今天的中国，竞争已经从精子开始了。

但是，还是要佩服一下法国大学生，他们确实厉害，能够把哲学家的思想变得如此浅显易懂，而且以人民群众也喜闻乐见的口号喊出来。

这不奇怪。法国学生在高中毕业会考时就考哲学了，一直到现在都是一个传统，出的往往是“人们是否可以摆脱偏见”“语言是否会背离思维”“文化是否让人扭曲”等问题。

很有意思的是，法国 2012 年高考哲学题目在微博上引起了热议。像“所有的信仰都是与理性相悖的吗”“我们是否有追求真理的义务”“没有国家我们是否会更自由”，仅仅从问题上看，中国人的思维，就比人家差了一大截。

出这些问题，你回答“YES”或者“NO”都不重要，重要的是，你是否理解了你正在思考的是什么问题，用我们的话来说就是你要“澄清”它，而且为你的判断给出理由。这是在检测一个人的分析能力、思辨能力，让他在理性上得到成长。与之相比，我们总摆脱不了抒情和空发议论的高考作文实在太小儿科了——这只是在训练一个人如何用文字来装而已！

我想说，越是在成长过程中被训练用语言文字来装，缺乏分析能力、思

辨能力，但擅长抒情和空发议论的人，更容易被洗脑，更虚伪，更容易人格分裂。

2. 没有理性的人，一旦有利益诱惑，他的人格结构就会散架

你也许会问：为什么一个被训练用语言文字来装的人会有这样的后果？

我恭恭敬敬地回答：他缺乏一个由理性组成的、独立而强大的自我来支撑他的人格结构。一旦有利益诱惑，他脆弱的人格结构就会散架，轻易就把自己卖出去。

还有很多虽然也被洗脑，但并不虚伪或人格分裂的人，他们由于有道德感，不会轻易卖掉自我，但后果一定是心理弱小，正如今天很多人一样。

与此相反，如果他具备强大的分析能力和思辨能力，那么，他就有一个强大的自我来支撑人格结构，谁也别想将他的自我夺走，或者在心理上击倒他！

3. 如果我们习惯了命令小孩，我们将不得不让自己变成一个暴君

所以，这里不得不又扯到了教育问题。而一个非常重要的原因是，我们长大后有心理问题，都拜小时候的心理创伤所赐，尤其是家庭教育。

让我们走回去看一下小时候自己。也让我们——无论是否已为人父母——看一下，如何不让一个孩子在心理上受伤？

如果你有了孩子，那么，我真的有一个建议：让你的孩子多看点哲学的启蒙书吧，无论他是否看得懂，都没关系，长大以后，那些书，书里面的理性精神，就成了他参与这个世界的知识背景、人格背景了！

而如果你能够和他讨论，让他学会用理性思考的方法澄清某些问题，那就太好了。

比如说，你希望他不要随便去买零食，要听父母的话，你采用的不是命令、规劝、恐吓的方式，如“你去买零食我就打你”“小孩子吃零食不好哦，不要去买哦”“零食可能有毒，吃了要生病”等，而是用“澄清”的方式，“不是父母不让你吃零食哦，而是街边卖的那些零食，很多都不卫生，吃了会生病，而一个小孩子，当然要对自己的身体健康负责；同时呢，作为孩子，也有义

务不让父母担心。因为你还小，欠缺一定的识别能力，所以呢，父母就不能放手让你吃零食，因为要对你负责。”

看到没有？如果你对小孩采用命令的方式，无论他如何反应，在心理上都会遭到抵触，因为这阻遏了他成长中自我的独立倾向，把他变成了你控制下的附庸，这时他在心理上一定要反抗的。要成功地消除他的反抗，你只有把自己变成一个暴君，一个施虐狂，让他一听到你的声音，一见到你就害怕。后果是什么，不用我再说了吧？

4. 你的话不能让孩子明白，那就相当于你没说过这句话

如果你采用规劝的方式，基本上不会有什么效果，因为你没有给出任何理由，他对为什么不能去吃零食还是搞不清楚，自然，他在心理上相当于你从未说过这句话！

5. 我们是让自己的孩子有所敬畏，或者有所防御，而不是让他从小就害怕

恐吓呢？这是最坏的一种教育方法，因为这是在把恐惧残忍地植入小孩子的内心世界，培养他对世界上很多东西的恐惧感，让他以后胆怯、懦弱，不敢闯、不敢拼，在心理上任人宰割。

不知流传了多少年，毒害了多少小孩子的“狼外婆”故事必须得到清算，而恐吓比这样的故事还要坏。切记：我们是让自己的孩子有所敬畏，或者有所防御，而不是让他从小就害怕！

6. 当我们能理性地约束自己的时候，就无须玩压抑了

和这些教育的烂招数相反，以权威的身份，和孩子理性地讨论，不仅可以让孩子心理健康，而且让他在头脑上、心理上，具有把握这个世界的自信。

因为，你如果澄清了“不能吃零食”的问题，那么，他就会明白，他确实没有理由随便去街边买零食吃——这不是听你的话的结果，而是“本来就不能这样去做”。

同时，看到了这一点，他也知道自己想吃零食的欲望应该得到理性的控制，在这个世界上，不是他想干什么就可以干什么，不能放纵自己——在以后的类似事情上，他采用的，是理性地约束自己，而不是压抑自己的策略。

还记得我原来说过什么吗？“理性对人构成了一种真正的说服！”

再强调一下：你要在头脑上说服一个人，最好的办法就是让理性来说服他，而你要在心理上说服一个人，最好就是让他自我说服！

还有，当你向孩子澄清“为什么不能吃零食”的问题时，你就把理性思维引入到了他的头脑，作为一种心理力量，理性又进入了他的心理世界——而孩子的自我正处于成长过程中，在他的自我和陌生、复杂、似乎有着诸多奥秘的世界打交道时，恰恰需要理性来给这个自我增加力量！

7. 让一个人自己问自己：我还是不是个人？

类似的教育方法，还可以用在孩子的道德教育中，比如孝顺、尊重父母之类。

我们都知道，孝顺往往是通过情感和道德教导来搞定的。它们的原理并不复杂：情感是唤起孩子的内疚心，使它以感恩的方式表现出来，否则就感觉自己在道德上不是人。

“学术超男”易中天先生就说过这样一句激情澎湃的话——“骂茅于轼的都不是人！”

对超男先生这句话澄清一下就是：我在观点上干不过你是吧？行，我用道德大棒打你！

我们不会用道德大棒打自己，但如果我们在情感上，体验到父母对我们好，而我们居然不孝顺，在心理上就会活不下去，会有“我还有没有良心”的焦虑。

而道德教导则是从小就把“要孝顺父母”这样的道德命令植入孩子的内心世界，他要听这个道德权威的话，不听就会有道德压力，好像自己的内心和别人都在审视自己：你是人还是个畜生，嗯？

情感和道德命令有效吗？当然！

但它们的有效性，依赖于孩子和父母的正确关系，依赖于孩子是否能体验到父母的苦和对自己的好。它的一个先决条件就是：父母不能无原则地溺爱！

8. 溺爱孩子，小心他将来会埋怨为什么他爸不是李刚而是你

在广州曾经发过一个母亲失手误杀“恶女”的悲剧，让人唏嘘慨叹。祸根就在于父母对女儿的溺爱。

从小，女儿要什么父母都满足，“关怀周到，无微不至”。上初中时，母亲就为女儿办了银行卡。到案发前，年仅 16 岁的女儿便拥有了四张银行卡。发展到后来，女儿在家谁都不怕，蛮不讲理，如果不给钱，她就对父母大打出手，狠扇耳光。

悲剧发生后，女儿的父亲说：“我们夫妻俩采取温和、讲理的方式教育和引导女儿，想了许多办法，可是并不奏效。复杂的社会环境和学校环境，我们无从掌控。”

我能够理解处于痛苦之中的这位父亲为什么这样说。要一个人从某种心理情境当中醒来是很难的，尤其是他正在承受有自己一份责任的悲剧后果的时候——想一想，就算可以进行自我反思，那还有什么用，还能挽回这一切吗？所以，不如把责任全推出去，减少心理的折磨。

但其他人，却应该吸取教训。

即使你对孩子非常好，什么苦都可以为他吃，而且还教育他要孝顺，但如果你溺爱他，在他心理上会发生什么呢？——“你们对我好是理所当然的，而如果不能满足我的要求，你们就对不起我，我会恨你们，我要报复！”

就是说，溺爱会挫败所有的孝顺教育和对父母的尊重，因为这个人内心深处的道德原则被驱逐了！不再有一种从内心深处传来的声音告诉孩子“父母对你好，养了你，你也应该孝顺他们，尊重他们，养他们老”，而是他在父母的溺爱行为中告诉自己“父母对我好，本来就是他们应该的，欠我的”。

这样，无论他有没有看见和体验到父母的苦，他都会培养出对父母的恨，

让他变得冷酷无情，很难排除。有时候孩子看到父母的操劳，会有内疚感，伸手要钱和不孝顺时会有道德压力，但他的恨的力量，马上就会压倒道德的力量！

溺爱一个孩子，居然会让他恨父母，有点不可理解是吧？

其实非常好懂！它是“你们对我好是理所当然的，是应该的，是欠我的”这种想法的一个逻辑结果，就是说，按照这种想法，一往前走，就走到了恨。

因为，只要父母对孩子的溺爱被认为是义务，也就意味着孩子不认为自己对父母有什么孝顺、尊重的义务——而在心理上，他必须把这种想法、把“父母欠我的”、把索取更多合理化，以更能理直气壮地说服自己，而办法，就是给它们增加恨的力量。

其实溺爱不仅仅导致恨。如果你混得不是太好的话，在恨之外，你还要遭到孩子的鄙视，因为，在和别人的心理竞争中，你在社会价值排序上如果不高，在他那儿根本拿不出手，只能让他丢面子，你的存在，让他的存在成为一种耻辱。他会埋怨为什么他爸不是李刚而是你？

9. 90后最害怕的，就是“现实”对他反戈一击

理性，是我们在心理成长时，真正可以让我们心理健全的药方，也是心理强大的武器。

它也可以帮父母界定好和孩子的关系。

让我们先看一下这个现象：为什么现在的90后，比之80后（更不用说是70后）更早熟、更精明、更现实，但也更脆弱？

答案在一个人的头脑、心理与世界的关系中。

90后成长的时代，社会变化非常快，他的“自我”在成长时，头脑快速地接受了社会上玩的那些东西，进入心理结构，变成他的“自我”的一部分，他的心理结构，和现实结合得很紧密，因此很现实、很世故。

但是，他心理结构上的东西，更多的是头脑上的东西，里面没有一个稍微独立点的、坚固的自我在支撑。所以，只要一受到什么打击，即“现实”

不再支持他而是构成了对他的威胁，他弱小的“自我”就受不了了。

90后把自己完全投入到了“现实”之中。他最害怕的，就是“现实”对他反戈一击！

而80后以上的人，其“自我”在成长时，社会相对来说发展得没那么快，也没那么现实，他头脑上受到社会上玩的那一套的影响，在进入心理结构，变成他的“自我”一部分时，还给一个稍微独立的“自我”成长留有一定的空间。所以，他不像90后那样现实，因为他那个稍微独立的“自我”并不现实。他也没那么脆弱，因为他那个稍微独立的“自我”本身就不是“现实”驻扎在内心里的代理人，而是有一点力量的。

当然，80后也可以变得比90后更“现实”，原理你应该已经清楚了：把他那个稍微独立的“自我”卖掉或扼杀掉，豁出去了，投入“现实”里！

好，我们来看如何通过理性的澄清，帮孩子界定好和父母的正确关系。

我们可以在孩子伸手要钱时，抛出这样一个问题：“你觉得父母养你，拿钱买衣服给你穿，拿钱让你读书是不是应该的啊？”

无论孩子如何回答（如果你的孩子第一反应是诧异，你太有必要这样教育了！），我们可以继续：“其实呢，不存在应该不应该的问题，在你成长，能够独立生活之前，父母要给你提供生活条件、学习条件，目的是让你能够得到很好的成长。但不是你想要什么都要满足你，因为有些是你自己的事情，是你长大后自己去创造的。而相应呢，父母给你的这些东西，表现出了父母对你的爱，你就不要认为是父母欠你的。你长大了，父母老了，就轮到你照顾父母了。”

Theories

07

第七章

心理的家

1. 我们用大脑和心理如何和世界打交道，我们就是什么人

回到马尔库塞那儿：为什么一个人容易被人洗成“单向度的人”——容易变成一个心理动物呢?

在前面，我已经说到了一个人的大脑、心理和世界的关系。

让我们继续揭开这个秘密。

还记得我在《世界如此险恶，你要内心强大》里所描述的“存在主义之河”吗?

无论你有没有下河都清楚：我们要用大脑、心理和外部世界打交道——无论这个“外部世界”是一个人、一件事情，还是整个社会。

如果一个人的大脑、心理和外部世界无法打交道了，你能想象到他是什么人吗?

你肯定会脱口而出：“植物人！”就是说，虽然人还活着，但大脑和心理的功能已经报废了。

我不得不佩服造出“植物人”这个词的科学工作者，确实形象。

但我还想接着问：

a. 如果一个人的大脑和心理，与外部世界发生的只是微弱的联系，就是说，大脑和心理功能还在，但已快报废了，他是什么人?

b. 而如果一个人的大脑和心理，在与外部世界发生联系时，同时也处于这种状态，就是说，大脑和心理也相互影响，很多时候，他“看”到和“理解”的只是他心里面愿意相信的，心里面体验到的也只是他在大脑里想象出来的东西呢？他是什么人?

c. 还有，如果一个人能够“看”和“直觉”到这个世界的真相呢？他又是什么人?

太深奥、太抽象了对吧？别紧张，下面我会一一剖析。

2. 一个人疯了，那是因为他在捍卫自我时失败了

现在，我来回答问题 a。

当一个人的大脑和心理与世界是这种关系时，他可能是一个重度的精神病患者，也就是疯子，同时他也可能是一个天生的白痴。

我们先来考察疯子。

说一个人疯了是什么意思？他无法分辨现实，不知道什么是对什么是错，什么是羞耻什么是尊严，对吧？为什么他会无法分辨现实呢？

弗洛姆老师在说到疯子的时候，说他们是一群“捍卫自我的人”，只不过，外界的压力、打击太大，他们扛不住，在“捍卫自我的长征”中失败了。

弗老师的话值得一听。现实中我们所见到的疯子，很多确实原来都不是什么坏人，而是承受不了各种压力和打击，崩溃了。

我想补充的是：一个在压力、打击中成为疯子的人，不仅心理弱小，而且思维往往比较单向度，有“一根筋”的嫌疑。

3. 所有人疯了，那就没有人发疯

停了一下，弗洛姆老师又说：在这个世界上，真正奇怪的不是为什么有人发疯，而是很多人为什么没有发疯。

但其实不奇怪。

真相是：一个人之所以没有发疯，是因为他用心理的变态逃脱了。或者，他通过和大家玩得一样，加入某个群体，得到了庇护——社会的一个游戏规则是，把很多人玩得一样视之为“正常”，于是，只要大家陷入“集体神经症”，那就避免了“个体神经症”，所有人疯了，那所有人都是正常的！

这个世界好像挺不公平的。得精神病的人，往往不是什么坏人。而得神经症，比如强迫症、焦虑症的，往往都是有道德感的好人，而且往往不想放弃自我——这两种人，攻击的永远是自己。

与之相比，那些人渣，大多数都不会得精神病和神经症，而是心理变态者和人格障碍患者，他们攻击的则一定是别人，真是让人郁闷。

4. 其实，有抑郁症、强迫症、恐惧症的人，绝大多数是好人

在心理上，如何理解一个疯子、神经症患者、心理变态者呢?

先说疯子。让一个人痛苦的，是他有一个意识到的“自我”，并且和“世界”对峙。疯子就是在“自我”极为弱小，而“世界”极为强大的情况下，在精神撕裂中釜底抽薪，在意识里抹去“世界”，只活在“自我”的世界中。

（提示一下，“自我”，什么是真的自我，什么是假的“自我”，它是干什么的，我在《世界如此险恶，你要内心强大》中已经重点剖析过，所以在这里就不抄袭自己了，我假定你已经明白了它是什么意思。）

一个人成为疯子，就是在外界的压力和打击中，承受不了，不和这个世界玩了，彻底退回到自我的世界。

同样，我们理解一个神经症患者，仍要从“自我—世界”的对峙入手。

神经症患者就是在“自我”和“世界”有冲突时，由于有道德感，不是用“自我”去仇恨、攻击“世界”，而是用道德感（所谓的“超我”）来责怪自己、攻击自己。为什么一个人容易有心理问题，容易得神经症? 因为他总是找自己的原因，总是害怕得罪人、对不起人什么的，把什么账都算到自己头上!

一个有心理问题、容易得神经症的人，在背后一定有恐惧，一定有很强的道德感!他的内心，无时不体现出冲突：恐惧和道德感让他把责任揽在自己身上，但是，对自己的压抑、牺牲又让他心有不甘。

而恰恰相反，一个心理变态者就是在“自我”和“世界”有冲突时，遗忘对“自我”的任何坚守或道德审视，本能地仇恨、攻击“世界”，借此来获取心理上的生存。如果你叫这类人审视他的自我，等于要他的命，因为一旦如此，他就会听到内心里早被扼杀的人性的声音。

他们的内心一样有冲突，但是，化解这种冲突，他们的方法不是攻击自己，而是马上去仇恨、攻击他人，从而快速地遗忘“自我”。

5. 一个人疯了其实和自杀一样，都是不和这个世界玩了

回到疯子的话题。

我们说一个人“崩溃”了是什么意思呢?

很明显，这只是一种文学化的描述。而心理分析的描述是：他原来是有意识的，在头脑上能意识到他“自我”和“世界”的不同，知道自己和他人，因此在心理上，他能够对“世界”做出反应，能够体验到世界对他的刺激（压力、打击），能够意识到打击他的事情，并在心理上体验到痛苦，而“崩溃”了也就意味着，他头脑的功能快报废了，在意识结构上混沌一片了，因此当世界刺激到他时，在意识上就非常微弱了，同时，在心理上，也极难体验到世界的刺激所带来的痛苦了。

看到没有？一个人成为疯子，其实就是把心理保护推向了极端，以在头脑及心理上不和这个世界玩了来保护自己，类似于一个人通过自杀来逃避痛苦一样！

6. 在心理上所发生的东西，并不会消失

尼采曾经厉声质问一些人：“为了不让一个人看着女人时眼光显得很淫邪，难道你要把他的眼睛挖出来吗？”

这是在泼洗澡水时，把小孩一块泼掉了。非常不幸，也让人同情，在消除痛苦上，一些人成了疯子。

但一切都结束了？世界安静了？不！

你已经看到了，疯子不是植物人，他的头脑和世界还是有微弱的联系的。所以，在大多数情况下，由于意识结构已混沌一片，他对外界的刺激不会有什么反应，或者反应失当，比如，你骂他一句，他可能毫无反应，或咧嘴朝你笑。但是，如果你的刺激，或者别的事物的刺激，契合了他发疯前的心理背景，大麻烦就来了。

这种大麻烦，就是或者他会瞬间爆发，不可控制地惊叫狂吼，或者，他会突然之间一跃而起，拿刀在大街上见人就砍。

不要告诉我，这种事情在今天很少，可以不当一回事。

一个疯子为什么会这样呢?

我们已经知道，一个人在发疯前，是用头脑、心理和世界打交道的，而且承受了各种压力、打击。他发疯后，意识混沌一片，意识不到这些东西，在心理上也体验不到精神撕裂的痛苦了。

但是，弗洛伊德老师告诉我们，在心理上只要发生了的事件，就绝不会消失——他只是意识不到，体验不到了而已。可是，那些撕裂了一个人的事件，那些导致他发疯的情境，作为一个心理背景还存在，还在黑暗之中支配着他！

所以，只要一个疯子重新体验到了那些心理事件，重新进入了那些当初让他痛苦的情境，他一定会引起巨大的恐惧。因为正是承受不了那些事件他才发疯！

再所以，如果外界的某些情境，通过他的视觉、触角、感知觉等，刺激到了他的大脑和心理结构，唤起了他的可怕记忆，他马上就会做出强烈的反应，而且往往是攻击性的反应，因为攻击，正是消除他巨大恐惧的药方！

因此，我有一个建议：在看到一个疯子或“疯子＋流浪汉”模样的人时，第一时间要保持警觉，要有一种万一他有什么攻击性举动你就赶快跑的防御；同时，如果他看到了你，那么，千万不要盯着他看，你说话，玩动作，也千万不要夸张，沉默最好！

7. 越是卑怯的人，越会去伤害毫无防御能力的人

现在，让我们来说说天生的白痴。

天生的白痴就是自我意识没有得到发育的，基本上可以认为他和这个世界缺乏用头脑打交道的能力，没有“自我—世界”之别，因此在心理上，也就很难体验到什么现实刺激带来的痛苦。

他只是依靠本能，以及心理结构里的盲目力量来驱动自己对这个世界做出反应。就是说，基本上，他的头脑和心理与这个世界无关，只是有一坨肉和这个世界有关。

所以，他从未困惑过，从未痛苦过。当然，你如果打了一下他，他会痛的，这是生理上的本能反应。痛是一种生理保护，提示遇到危险。

正因为天生的白痴和疯子有别，基本上从一开始头脑和心理就缺乏与现实世界进行联系的能力，所以他当然也没有带着一个心理背景而活着。所以，在心理结构上，没有什么盲目的力量来让他们做出任何怪诞的行为，更不可能突然之间拿刀在大街上追着人砍。

天生的白痴是人类的眼泪。在这里，我们要对那些逗着他们好玩、嘲笑作弄他们的人表示强烈的谴责和蔑视。

在心理上，嘲笑作弄一个天生的白痴是什么意思呢？其实这暴露了这些人的卑怯！因为天生的白痴在头脑上和心理上，与这个世界只有微弱的联系，缺乏对外部伤害进行防御、反击的“装置”，几乎是任人宰割，嘲笑作弄他们的人，在获得变态的快感时，可以具有最大的安全感。

所以，请相信我，一个拿天生的白痴开玩笑的人，或者是个低级人渣，或者是个已经认命的“老实人”，或者是个混得很失败的小丑！

8. 哲人把自己的存在澄清、照亮了

我们的方法是先从两个极端考察人的头脑、心理与世界的关系，再考察处于中间状态的“正常人”。

现在，我们已经考察完了疯子、天生的白痴，轮到那些“跳出三界外，不在五行中”的宗教隐修者、古典哲学家登场了。

在《世界如此险恶，你要内心强大》里，你已经知道，宗教隐修者、古典哲学家们在心理强大上属于第五个等级，即最高等级。

理论上，我们认为，他们已经触摸到了这个世界的真相，世间的一切纷扰都被他们的终极信仰，或强大的理性能力一一化解。用存在主义大师、史上最成功的“凤凰男”海德格尔同志的话说，就是他们已经把他们的存在“澄明”。

这种境界，我们一般人很难达到。老实说，其实也不需要达到。

9. 最高兴的时候，其实也是我们“无我”的时候

但是这两种人，还是有些不一样。

想象一下，当你在最高兴的时候，在那种情境中，你还记得你的“自我”，你体验到的是你的“自我”吗？

绝对没有？对不对？

很简单，你完全融入了那种高兴的情境。在这种情境里，你的整个存在投身进去，再也没有一个“自我—世界”的二元结构碍手碍脚了。就是说，在你的意识结构里，自我和世界作为“主体”和“客体”都消失了，你拥有的只是非常爽的那种体验。

这是什么意思呢？大家可能感觉无法理解，其实不复杂。

有一个“自我—世界”的二元结构的意思就是，一般情况下，我们是带着一个“自我”，用头脑或心理去思考、感受“世界”的。比如在契诃夫先生的小说《变色龙》里，警察同志奥楚蔑洛夫就在想，那条狗是不是席加洛夫将军家的狗？

这个时候，奥 sir（先生）就是一个用“自我”去思考、感受的“主体”，而那条狗就是他的“自我”去思考、感受的对象，也就是“客体”。

如果破除了“自我—世界”的二元结构呢？这就意味着奥兄弟和狗在意识上没有拉开距离了。这个时候，人就是狗，狗就是人，人狗合一，类似于“天人合一”。

佛教，以及一些灵修的理论，把“天人合一”的状态称为“纯粹的意识”，就是只有意识本身，没有了意识的对象。世界的真相、极乐向你洞开，而你作为一个实体，不在你的意识中存在，你“无我”了。

10. 多照亮一分心灵的黑暗，我们就多一分幸福

你一定会说：这好像还是很玄、很神秘！

但我告诉大家，没什么玄，也没什么神秘的。用心理分析的理论来描述，就是一旦你处于那种状态，你在头脑上进入到了“无意识”的状态，而在心

理上，你对世界的感受、触摸，不再通过头脑，而是直接和世界合一了。所以，你在心理上触摸到的，就是世界的真相。

这么玩，其实就是精神分析所说的最简单的一个原理：把无意识呼唤成意识。弗洛姆老师就这样说：

“无意识是整个人减去其符合社会的部分，意识代表着社会性的人，代表着个人被偶然抛入其中的历史境遇给他设置的种种限制。无意识则代表着具有普遍性的人，代表着根植于整个宇宙的全人；代表他身上的植物，他身上的动物，他身上的精神；它代表人的全部往昔直到人类的诞生之初，它代表着人的全部未来直到人充分成其为人——那时，自然界将‘人化’，而人也将‘自然化’。”

说句老实话，如果一个人不懂一点精神分析和哲学，思维跟不上，弗老师的这段话一定不知所云，就像天书一样。

但我们知道这一点就行了：我们普通人，是用头脑有限的意识来和世界打交道的，而意识就像弗洛伊德老师所说的，不过是露出海面的冰山一角，那些不被我们意识到的东西，处于漫无边际的黑暗里。

这本来已经够可怜的了，但更可怜的是，我们意识到的很多东西，其实都是很多人——比如统治者——为了他们的利益让我们意识到的，而不符合他们利益的东西，他们一定会有很多办法不让我们意识到。

但这样说下去，话就很多了，我要打住。

11. “无我”不是“我不存在”，而是没有了假的“自我”

我们可以假定，和我们相比，理论上说，宗教隐修者，那些高人们，突破了这种限制。通过他们的修炼，照亮了无意识的黑暗。

我相信，在这里你一定有一个疑问：如果宗教隐修者们都“无我”了，他还有一个“自我”吗？因为实在难以想象，一个人，而不是一个机器人，没有一个“自我”这样的心理功能来支撑他的存在。

这就是我们要澄清的：无论哪一种鼓吹“无我”的理论玩得如何神秘，

“无我”从来不意味着没有了“自我”这样的心理功能，只是意味着，一个人的“自我”，在用来维护他的心理生存时，已经“空”了。

“空”了是这个意思：一个人把原来那些纳入心理结构、构成他的假“自我”的东西，比如身体特征、价值观念、社会地位等清除干净了。

那么，这样的一个人，已经不需要去和别人玩心理竞争，已经看穿社会价值排序了。“自我”也就只剩下了一种最原始、最基本同时也没有异化的功能支撑他的存在，正如他无论如何修炼，都还有生存的本能一样。

这才是“无我”的正确描述！

12. 当我们和世界不变的法则结合在一起的时候，在心理上，就不是世界的一个匆匆过客

这是宗教隐修者在头脑和心理上与世界的关系，古典哲学家呢？

他们就很好理解了，而且从来不玩什么神秘。

古典哲学家的理性非常发达，在头脑上，他能够穿过重重迷雾和假象，看到这个世界的真相，就是说，他头脑中赖以思维的那种逻辑结构，和支配这个世界存在、运转的那种客观的逻辑结构是同构的；同时，这一切传导到了他的心理结构，在心理上，他的整个存在，和这个世界不变的那些法则牢固地结合在一起了。他不再是世界上的一粒渺小的尘埃，一个匆匆过客。

所以，他们和宗教隐修者一样，能够看穿生死！

13. 人是什么？

下面，我们准备揭开“正常人”在头脑、心理上和世界的关系。

先看一个微博上的笑话。

我看到的是这样的版本：在北大门口，保安问一个教授：你是谁？从哪儿来？要到哪儿去？

笑话说，这位保安问了三个终极哲学问题，比教授更像是哲学家。我想补充一下：如果他学康德把这三个问题“三江并流”为“人是什么”那就更牛了，虽然很可能会被教授视为神经病。

这当然只是笑话，是利用了这三个问题和哲学问题在语言上的相同来玩的，目的显然不是嘲笑保安同志，而是嘲笑现在的一些大学“叫兽”（从“教授”进化到“较瘦”再进化到“叫兽”，这是另一个大话题），水平比保安都不如。

在这里我用语言分析澄清一下，保安的“你是谁”，问的是一个人的具体身份（你是本校的老师吗），而哲学问的是一个人的自我，他的独特的存在（你和别人不一样的、最能代表你是你的地方是什么）。

保安的“你从哪儿来”问的是一个人来的地理位置，哪个城市、哪个区域之类，而哲学问的是一个人开始的存在，他在精神上的出发地。

保安的“你要到哪儿去”问的是具体的地理位置或建筑场所，而哲学问的是想变成一个什么样的人，想在精神上得到什么。

是的，相形之下，哲学太抽象了，对于大多数人来说，并不好玩。

但如果你以为这三个哲学问题与你无关，离你太遥远了，那你就错了。

14. 哲学问题往往是看准了人生的要害所在，所以才提出来的

正如每一个人都可以是心理学家一样，每一个人都可以是哲学家。心理问题就发生在你身上，而哲学也是你的生活。

不管愿意还是不愿意，这三个问题都在影响着我们的一生，而我们一生想干或不想干的事情，恰恰就是对这三个问题的回答！哲学家们绝对不像俗人们所想象的那么无聊，他们是看准了人生的要害所在，才费脑筋去想这些问题的。

其实，说“你是谁”之类的问题是哲学问题，只是哲学家们把人生的问题提升到哲学的高度，以便看得更清楚些，就像占据了一个智慧上的制高点，从天空往下看一样，除此之外，再没有别的什么了。

比如，俗话说“男怕入错行，女怕嫁错郎”。为什么会入错、嫁错？这是不能用一句“我眼睛瞎了”就可以交代过去的，如果一个人犯了那么愚蠢的错误还不知道反思自己到底想要什么、能干什么，我只能表示无语。

我想说得狠一点：如果我们自以为不存在“你是谁”“从哪儿来”“要到哪儿去”的问题，那就不好意思，在我们和这个世界、和别人打交道时，在头脑和心理上就没有多少洞察力，就只能放任一些本来可以避免或控制的严重后果发生！

15. 当我们有一个“我”的时候，人生开始了，痛苦也开始了

我们“正常人”的头脑、心理与世界的关系，就隐藏在“你从哪儿来”“要到哪儿去”的终极追问中。

我来抄录一下《圣经》关于人类起源——在哲学上就是“你从哪儿来”——的经典描述。这件事，很多人也干过。

《圣经》这样说：从前，在上帝的伊甸园里，人类的祖先与自然和谐地相处在一起。后来，蛇引诱夏娃偷吃了智慧树上的果子，夏娃又拿给她丈夫亚当吃。于是，他们二人的眼睛就明亮了，看到了自己赤身裸体，感到了羞耻。

上帝知道他们干了这件事以后，非常生气。上帝一生气，后果当然很严重，他们被赶出了伊甸园。而且，上帝还惩罚他们，男人要终生劳苦地从地里刨食，女人要承受生育的痛苦。

故事抄录完毕，到我们分析里面玄机的时候了。

弗洛姆告诉我们：在心理上，人被赶出伊甸园之后，最想去哪里？最想回到伊甸园！

因为人在世上有着看似永无尽头的痛苦，而伊甸园里太幸福了。我们小时候曾经都怀着实现共产主义的伟大理想，并畅想过共产主义的幸福生活。

但是，共产主义的美好生活，理论上——一切都只是理论上——和伊甸园还是不能比的，毕竟它只是地上的人间乐园。人还是人，还是有自我意识、有欲望，而且欲壑难填，所以始终有痛苦，而且能够让人意识到；再说了，人始终也是要死的，不像神仙那样可以不死，这是最大的痛苦。

所以，其实在解除痛苦的吸引力上，没有什么东西能够和宗教所说的那个天堂相比。人想重返伊甸园的渴望是永恒的。

当然，《圣经》的这个说法，只是一个宗教隐喻，是文学的修辞。真实的情况是：当我们刚出生的时候，生理上和心理上都刚刚发育，还没有一个“自我”，因此也就没有“自我意识”。而母亲，就是我们的整个世界。因此，我们也就像亚当夏娃一样，没有什么善恶、羞辱之类的观念，也不会感受到什么痛苦。

而在我们有“自我意识”后，母亲就不再是我们的整个世界，那种安全感就再也找不到了，就像亚当夏娃吃了那个果子，“明亮”了眼睛一样。

于是，人生开始了，痛苦也开始了。

16. 你从什么地方出来，就绝不可能回到什么地方了

从伊甸园出来后，受不了痛苦想回去？上帝对此表示遗憾：不能。《圣经》说，回不去了，有两个手持发出火焰的剑的神挡住了人类的“回家之路”。

确实是回不去了。在这个世界上，有一条铁的心理法则：你从什么地方出来，就绝不可能回到什么地方了。

为什么呢？因为当你从某一个地方出发后，是某种心理状态，而你在经历过很多事情后，心理结构已经改变了，体验到的，就不可能是原来的东西，所以你永远回不到原来的心境。

更重要的是，由于人从原来的地方出发后，已经有了一个“向前”的方向，你要叫他回去，他实际上是不甘心的，因为“前方”“未来”一直在向他招手。想回去的，都是在现实中受挫、受伤的人，“回去”的本质，不是他真想回去，只是没有了信心，或想疗伤而已！

这个铁的心理法则，适用于爱情婚姻和朋友关系上的“重归于好”。

为了建设和谐社会，我当然是非常赞成两个人之间“重归于好”的，但是，我想提醒：当你要吃回头草时，请想清楚，这是你义无反顾的事情还是没有办法？你对未来碰到一个好的下家，是并不抱期待还是不敢抱有期待？你是留有遗憾还是对回去表现出泪奔？

17. 扛着一个“自我”，我们不停地对世界喊话

注意，我要讲到很有实质性的东西了，请给自己一点耐心。

中国古人曾讲过“混沌未开”。在一个人的意识一片混沌的时候，大概相当于处于动物状态。用哲学的话说，就是一个人在精神上，还没有从世界中分裂出来，他还是世界的一部分。

我们知道，人可是从猴子变来的——就生物学而言，他是从动物那儿出发的。

但在哲学、心理上的意义呢？其实也就相当于，人从动物状态走来。

当人有“自我意识”时，一切都不一样了。他那一坨肉虽然还是自然的一部分，受生老病死的自然规律支配，但在精神上已经凌驾于自然之上了。他存在了，相当于激动地对世界说：“我带着一个智力结构、一个心理结构，要来和你玩了！”

我们在小的时候，都渴望长大，深层的心理动机，其实就是要和世界玩。

这种样子，和猪之类的动物太不一样了，猪还在自然里沉睡。只有你杀它，它才有生理上的痛苦。它可不像用“自我”对世界说话的人那样，有一大堆心理上的痛苦。

既然人在哲学、心理的意义上是从动物那儿走来的，那么，他想走到哪儿去？

走向神！

18. 不能实现的春秋大梦，一直在内心深处向我们招手

为什么是走向神？

因为人从动物那儿出发后，精神上不断地成长。他意识到自己的有限，知道自己要死。

这简直就是一种缺憾！太悲剧了。所以，他有一股强大的动力，想要超越这个有限，自由自在，长生不老，永远不会死。

神就代表这种终极境界。

想变成神仙，于是使劲去修道，是中华民族的恶劣传统。周树人先生就说“中国根底全在道教。以此读史，有多种问题可以迎刃而解”。还是鲁迅老前辈目光如炬啊。

然而，人想变成神，这是妄想，一场注定要破灭的春秋大梦而已。

19. 当我们用化妆品和高档衣服武装自己的时候，那是一种追求完美的投射

答案很残酷，因为人无论在精神上如何发达，他永远是一坨肉，要受自然规律支配。

就是说，尽管他从动物那儿出发，向神走去，但永远走不到神那儿。

所以，神其实只是一种心理的虚构，如有，那纯粹是艺术！

人实际上只能夹在动物和神之间！

尼采就看到了人在这个世界上，到底是个什么样的东西：“一座桥梁”——一座架在野兽和神之间的桥梁。

说到这儿，我想请问一下，为什么女人特别喜欢用化妆品、高档的衣服来装扮自己?

我想告诉大家，“美”“男人喜欢”只是浅薄的解释。真相是：我们竭力想掩盖自己是一个肉体凡胎，因为肉体凡胎意味着卑微、有限、渺小。

而化妆品、高档衣服这些东西，虽然是人创造出来的，但对于美化人而言，却像是神的创造，那么具有魅力，那么不可思议——这是我们渴望摆脱人的有限状态的一种心理投射！

20. 心理的秘密，就在人的存在中

被夹在动物和神之间，在这个险恶的世界，人的心理结构经常遭受打击。这是一个大问题。

于是，在这个大问题下，一系列的心理问题产生了。心理的秘密，就在人的存在中。

很多人采用的第一种解决办法就是“退回去”，在心理上退回到儿童时代。一个字——撤。

当然，没有人能够真正退得回去。在这里发生的，只是一个人的内心活动。

而我们正可以破译它。

21. 我们最深的失落，就是对再也找不到当初的自己的失落

比如，为什么一个在农村长大的人，漂在外面，非常想念故乡啊？为什么说自己热爱故乡的人，居然都不是一直在故乡生活的人？为什么当一个在外多年的人，回到故乡看到很多东西都改变了，会有严重失落感呢？

是他们虚伪吗？是他们喜欢伤春悲秋吗？不。

情况是这样的：一个人在哪个村子或小城镇这样的熟人社会出生长大，他就相当于从哪个地方出发。他的童年无论有没有家庭方面的不幸，故乡的山山水水、一草一木、人际交往，都能给他最原始的安全感和关怀。就是说，在他的童年，他的自我发育时，故乡的一切，带着原始的安全感和关怀，一起嵌进了他的心理结构深处，构成了他本真的自我，而这是在此后他从未能得到的。

因此，在他的一生中，只要他在外面，故乡就像上帝的伊甸园一样召唤他。他热爱故乡，其实就是在焦虑之中，对于那个本真的自我的无限眷恋。

而当他在多年后回到故乡，看到一切都改变时，之所以会有严重的失落感，是因为当初那个进入到了他的真自我的情境，已经不在了，因为他在心理上已经回不到童年，所以只要童年的那个情境不在，他当初的自己，就彻底地消失了。他的失落，其实就是对再也找不到当初的自己的失落！

这是多么让人忧伤的事情。人类的存在，本身就是一首忧伤的歌谣。

而我们之所以埋怨故乡改变得面目全非，其实是因为我们已经改变得面目全非！

22. 一个拥有最原始的安全感和关怀的成长环境是多么重要

我想说，一个拥有最原始的安全感和关怀的成长环境是多么的重要。我始终认为，一个从出生开始就在城市，尤其是在大城市长大的小孩，已经割断了与自然的联系，很难得到最原始的安全感和关怀了。在心理上，这相当于没有了"根"，他从出生开始，就完全是一个"社会"中的人，就被现代"文明"的装的训练所熏陶，在心理抗压上是不强的。

所以，我想建议，如果你有条件，让小孩在 3 岁到 7 岁这样一个年龄段里，到农村去住一段时间，或是定期带小孩去郊外玩，让他感受到自然的一切，这是非常有必要的。至于他在 7 岁以后，就没有必要了，因为在心理结构上，他已经装入了太多城市"文明"的内容。

说到这儿，我想告诉你一个秘密，一个人无论多么位高权重，无论显得多么威严或装，只要他是在农村或小城镇这样的熟人社会长大的，他小时候从故乡习得的语言、习惯，比如说两句脏话、露出某种姿态，只要稍微不保持装，或有某种可以让他放松的情境，说不定就会表现出来。他几十年在官场、商场，以及大城市"文明社会"的装的训练，在这些语言、习惯面前都不堪一击！

23. 装嫩，很可能就是对开始变老的焦虑

一个人"退回去"可以采用的方式太多了。像想念故乡，只是轻微的企图在心理上退回去，寻找一种安慰而已。

在这背后，是无奈，是苦涩。

有的人退回去，采用的是在心理上拒绝长大、独立自主地应对成人世界的策略。"啃老"其实不仅仅是在金钱上啃，在心理上也啃。一个习惯于"啃老"的人，内心里总有退回到"一切都由父母搞定"的童年时代的冲动。

有一种退回去的心理策略挺有意思，就是无论男人女人都卖萌装嫩扮可爱。

男人这样玩有什么奇怪之处呢？我想告诉"很傻、很天真"的少女，如果你看到有男人这样玩，千万要注意了。

这类男人，或者对现实缺乏把握和控制感，无法搞定用来吸引女人、提

高自己的社会价值排序的车子、房子等东西。那怎么办？办法是通过卖萌装嫩，用这些Pose暗示自己，在心理上体验自己是一个无须考虑这些问题的小屁孩。

或者，他们是捕获猎物前的伪装，背后有卑鄙的图谋。因为这样一玩，在心理上你就被暗示去体验他是一个没有复杂社会经验的男人，或激起了你的母性。你在心理上，也就被解除了武装。

女人卖萌装嫩扮可爱呢？

一种可能性，就是对开始老的焦虑。在语言、动作、姿态上表现得像一个天真少女，就是在心理上告诉自己还年轻。

另一种可能性，则是一种博弈的策略。在公司里如果这样玩，就是利用一种道德压力防止别人伤害自己：你忍心欺负一个小姑娘吗？在男人面前这样玩，是在暗示自己的纯洁。

只不过非常不幸，在公司里这样玩，对自己的杀伤力太大了，因为这等于告诉大家你没有能力，而很多人在利益面前，在伤害别人时并不是下不了手。而在男人面前这样玩，成功的前提是：或者这个男人是个傻瓜，或者，你的确没有复杂的故事。

24. 告密者是领导需要的人

前面这些“退回去”的方式具有个体特征，但有些退回去的方式，就需要一帮人来干。

就“退回去”的原理，我想来看一下，一些公司的管理，聪明和愚蠢在哪儿。

当年，我发现所在的单位经常有人喜欢在领导面前说同事的坏话，搞告密的革命工作。我本人也不幸中枪——事实上，我这类特立独行的人不中枪，谁来中枪？

有一次，我愤怒了，遂找到领导，痛斥这类从事地下工作的同志们，说他们这样干纯粹是污蔑，破坏同事间的团结友爱。

但领导微微一笑，对我的控诉不屑一顾：“人家只是反映情况嘛。”

我再白痴，也被这句话击醒了。

我懂了，领导其实很喜欢搞告密工作的同志们。这不只是他们想享受有人拍马的快感，人都好这一口，而那些告密的地下工作者在这方面特别擅长。不，他们喜欢这些同志，更重要的是出于革命工作的考虑，是一种管理的需要，一种对员工的控制。

想一想，如果下面一大帮人，他们做什么领导都不知道，即领导和员工的信息并不对称，他如何能够在心理上感觉到可以控制下面的人？有信息封锁，权力就有瘫痪的危险。所以他需要“耳目”，来让他知道下面的人在想什么、在做什么。

告密者之所以有市场，钻的正是“管理的需要”这个漏洞。不是他们真有什么本事，是领导需要他们，他们才玩得转。

25. 当有人在领导面前说你坏话时，请注意，你是否在领导面前信息不透明

如何对付一个告密者呢？我原来跑到领导那儿去控诉的做法是最愚蠢的，因为对于领导来说，真正重要的并不是谁被说了坏话，以及说的是不是真的，而是这一点：下面这帮人，是分裂的、各怀鬼胎的，还是结成同盟？

专制统治者，最害怕的就是民众铁板一块，而且做什么他们都不知道，所以一定要让民众之间处于分裂和狗咬狗的状态。其实任何一个庞大的机构，比如公司，都是如此，底下的员工斗来斗去，是经理老板们最希望看到的。

要对付告密者，我们得知道他们的软肋在哪儿。他们只敢玩阴的对不对？很好，那说明他们有恐惧，说明他们混得如何，主要就是看领导对于告密的奖赏，而他们的告密之所以得到奖赏，恰恰就是你和其他中枪的人在领导面前信息不透明！

而不透明，就难以被信任。

所以就两招：一招，用另外的游戏规则玩他，比如表现出你是一个狠角色；另一招，用他的游戏规则陪他玩，而且比他更狠，主动在领导面前信息透明。如何操作是你的事了，我只是从心理分析上为你揭示秘密，不是厚黑大师。

26. 给出一个其乐融融的群体，对于个人来说，其实是一种招魂机制

无论是专制统治者，还是一家公司，乐见民众、员工斗来斗去，自然从权力控制上看有利于自己的统治和管理，但我想说，这其实也是自杀。

当一个人在一家公司工作时，如果他面对的是一个不友好的群体，随时要防御别人对自己的暗算，这家公司就别指望员工能有多大的忠诚度，别指望除了钱之外还有谁帮你卖命或渡过眼下难关，因为一切无非就是出卖劳动力拿钱而已，他只是暂时忍受。

但如果老板看起来很有人情味，员工们是一个团结、和谐的整体呢？那吸引力真的太大了，因为这满足了一个人“退回”到没有和他面前的世界分裂的那种状态，他在心理上真正成了群体的一部分，恍如“回家”。

换言之，给出一个其乐融融的群体，对于个人来说，其实是一种招魂机制。

27. 同性恋的本质仅仅是，因为无法从异性那儿得到安全感，所以无法唤起对异性的爱

如果我说，一个人玩同性恋是在心理上“退回去”，你一定会觉得奇怪。

但真的不奇怪。

我们先来看弗洛伊德老师是怎么说的。

他说，男同性恋其实是这样产生的：一个男人在“恋母情结”的作用下对母亲的固恋时间很长，也过分强烈，摆脱不了。问题是他已经长大了，在心理上还让自己意识到固恋母亲，是有罪恶感的。

怎么办？有一个办法，寻找一个替身。

“代替性满足”“补偿性满足”是人类最喜欢干的事情。于是，他在青春期结束后，玩了这样一招，把自己看成是母亲，即在心理上相当于自己是母亲，然后呢，寻找一个对象，来取代他的自我，并把原来从母亲那儿所体验到的爱和关怀，给予了这个取代自己的自我的男人。于是，就有同性恋了。

同性恋，本质其实还是异性恋，是一个男人对自己母亲的爱恋。正是这样，同性恋克服了同性之间本能的恶心。

这样的解释，真是惊世骇俗，而且实在很难理解、很难想象。在刚看到这个理论的时候，我一直搞不懂，始终保持着强烈的质疑。

但后来我明白了，这样讲还是有点道理的。

对于自己的理论，弗老师没有解释，下面我就帮他解释一下。

当一个人在心理上无法离开母亲温暖的怀抱，世界对于他是陌生和危险的，他骨子里在别的女人面前没有安全感，而他需要的，是安全感，不是爱。所以，他无法唤起对异性的爱，异性之间的爱恋只能让他感到恐惧。

那么对同性的爱就有安全感吗？也不。

我不知道你从我前面所说的是否看到了这一点：有些人缺乏爱的能力？他习惯了享受被爱。他不想走出从对母亲的固恋里得到的一切。也就是说，他一定要保持"母亲—我"这样固恋的关系不变。

这在心理上并不困难，把"我"体验为"母亲"，把另一个可以从他身上看到"我"的男人（恰巧也是一个对母亲固恋的人）用来取代"我"即可，一样可以获得安全感。你也许会问：为什么不可以是把另一个男人体验为"母亲"，而自己不变呢？回答是：他可以从另一个男人身上看到自己的影子，却无法看到"母亲"的影子。

根据这样的解释，这一点就不奇怪了：同性恋者对对方都很关心，而且大多都有控制欲，这正是要表现出自己的"母性"。

如果同性恋者是女人，也适用于这样的理论和解释。

但是，我想提醒，关于同性恋理论的合理性，可能到此为止了。我们不能赞同弗洛伊德把对母亲的固恋，解释为是"性"，没人这么变态的。而同性恋之间的性行为，也是另一回事。当然，我们绝不能把同性恋称为"有病"，这只是一种和异性恋不同的爱恋方式而已。

28. 在困难和痛苦面前，我们该说的是：来吧，我不怕

前面说到了，当我们处于动物和神之间，作为一个“人”而承受痛苦的时候，第一种解决办法就是退回去。

它在心理上的意思是：“现在我感觉很难受，前面的路也充满了风险，我还是撤吧，毕竟，原来走过的路是安全的。”

而第二种解决办法，就是决不撤退，而是坚持往前走。

只要我们不做那种变成一个神一样的人的春秋大梦（那只会让人变成一个疯子），这条路就成功了。因为我们的心理一直需要得到成长，我们的存在，恰恰是对自我的不断超越。

它在心理上的意思是：“来吧！我不怕。我可以强大我的头脑，强大我的内心，用我的力量来战胜一切，超越自我，确证我的存在价值——人生下来，本来就应该这样！”

一个心理强大的人就是这样，一切有所成就的人就是这样。

关于这一点我在这里不再多谈，因为这样干，正是《世界如此险恶，你要内心强大》和本书的内容。

我只想说，“往前走”的大致是这样三种人：能人、好人、智者。

29. 一个人憎恨那些没有得罪过他的人，那是因为他已经不敢听到对自己的恨

能人是就社会的意义而言能做事而且做成功的人，但好人和智者已超越了社会的范畴，而是一种“存在”的范畴了。

说好人、智者已是一种“存在”的范畴是什么意思呢？

一个人来到这个世界上，就像随机扔一块石头一样扔下来，偶然地被“抛入”，没那么伟大。所以你问“人生有什么意义”，这种问题本来就是伪问题、傻问题。并没有一堆意义摆在那儿等着你，人生的意义是你要去寻找的。

但人是一种“存在”，一种相对于万物来说比较高档的“存在”。所以，当他从动物向神走去时，冥冥之中就得到了一个道德命令：做一个好人！不

要出卖你自己！充分发挥你的生命潜能！

这个道德命令，用哲学的话讲，就是“存在的规定性”，规定你应该这样做，同时规定你不应该那样做。一个人生下来，不是为了去做一个人渣，去做一个既可以把自己卖了也可以卖别人的人的——正如父母把一个人生下来，不是为了让他去做别人的“脑残粉”！

好人和智者正是符合“存在的规定性”的人。他们或者听到了内心的声音，按照这个声音来生活；或者，听到了这个世界的神秘声音，并用它来照亮自己和他人。

这两种人无论如何向前走，当然都永远成不了神，但是，他们的存在，却是一种“类神”的存在。这就是我们有时候在他们面前，会觉得内心受到震撼，或感觉到他们具有一种超出常人魅力的原因。

如果一个人的存在不符合“存在的规定性”，不听“存在”发出的那个“道德命令”呢，又会如何？

答案只有一个：他会憎恨自己，并且为了掩饰这一点，就憎恨其他人。

30. 一个人如果不敢面对自我，独处的时候，他往往会恐慌

继续我们的话题。在解决从动物走向神所产生的存在问题、心理问题时，还有第三种办法，就是一个人既不后退，也不向前走了，就在他觉得安全的地方待下去。

这些都是什么人呢？

他们可能是麻木不仁的人，可能是一些在这个社会上永远只是当一个观众在看戏的人。他们没有什么成就，也不敢有什么成就。

也可能是这类人，他们拼命地忘记内心，忘记世界的秘密，一头扎进“社会”，扎进人际关系里。但在独处的时候，他们往往会恐慌。

当然，还有这类人，他们不敢对这个世界有什么欲望，谨小慎微，按照熟悉的生活，日复一日地过下去，直到死亡来临的那一天，一切OVER（结束）。

所有这些人都有一个共同的特征：在头脑上，他们无法或不愿用理性和

这个世界的秘密建立什么联系，世界的秘密在他们的关注，甚至意识之外；他们不想听到，或很少愿意去倾听内心的声音。在心理上，他们对于自己的生活并没有多少热情。他们或者通过封闭自己的心理结构，减少自己的欲求，或者通过忘记自己，来得到心理保护。

弗洛姆曾经说，“如果能对人用精神的X光透视，我们会发现有如此众多的吞噬同类者，有如此众多的图腾崇拜者，有如此众多形形色色的偶像崇拜者”。

这指的是“退回去”的那帮人。

我愿意对他的话进行补充：“如果能对人用精神的X光透视，我们会发现有如此众多的人在害怕生活，有如此众多的人丧失了体验自己和他人痛苦的能力，有如此众多的人躲在自己熟悉的语言和行为模式中得到安全感。”

我指的是所有“退回去”和待着不动的人。

31. 改变我们自己，其实就是改变我们在头脑上和心理上与世界的关系

到了总结一下“正常人”在头脑上和心理上，和世界是一种什么样的关系的时候了。

有以下几种情况。

头脑和世界的联系	心理和世界的联系	他是什么样的人
肤浅	用心理背景去和世界联系	这类人就是刻意保持对世界的麻木、冷漠，或成功地逃回了他的心理结构的人
深刻	微弱	那些“冷血”的科学家、医生、精通某一技艺的杀手，往往就是这类人
肤浅和深刻之间，常常受到心理的影响，把心理中的世界当成是真实的世界	微弱和深刻之间，常常受到头脑的影响，把头脑认为的世界，当成真实的世界。特点是心理结构和现实同构	我们大多数人

于是，改变我们自己，其实就是改变我们在头脑上和心理上与世界的关系，改变我们的处境和命运。

Theories

08

第八章

我们是什么人

■ 多疑的人

1. 对于一个多疑的人来说，只有属于他的、可以控制的东西，在心理上才是安全的

假设你是一个女生，你爱你的男朋友或老公。某一天，你在外面和一个男性朋友一起吃了一顿饭，然后，男朋友或老公就很怀疑你和他有暧昧关系，或他本身就是多疑的人，回家后，让我们来想象这样的情境对话。

男：那个男人和你什么关系？

女：……

我想请问：你该如何回答？我给出的技术难度是：真正说服他的释疑。不闹，只是因为他找不到把柄，不得不暂时平息，但心里对你还是怀疑的！

如果你回答“我和别人吃饭有问题吗？”“你在怀疑我？”或去解释，我想说，错了！

你面对的，不只是你爱的男朋友或老公，同时还是一个多疑的人，或一个因为怕失去你，而愿意去怀疑的人。

要想不影响你们的关系，你必须先走进他的内心世界。

一个多疑的人，或愿意去怀疑的人，到底是一种什么样的人呢？

描述一下就是：他没有安全感，具有自我中心主义，怀疑是他在和世界打交道时，首先用来进行心理保护的盾牌，先挂着它，以避免可能的伤害。

他们并不是真的就阻止自己不去相信任何人或任何事情，而是首先必须来这么一下，先把自己给保护了，让自己站在一个主体的地位，再去判断、博弈。

比如说，一个女人在家里，她多疑的老公就会有安全感，因为“家里”的情境他可以控制，但如果她在外，他就没有安全感了，因为他对她可能干什么无法控制。

所以我想一并揭露，多疑的人、愿意去怀疑别人的人，还有一个不为人知的一面，就是容易变成施虐狂。原因很简单，一个人如果对什么都怀疑，心理有防御，那么，他对能不能控制一个什么秩序，以及控制一个什么人，其实非常在乎。

在他没有掌控的时候，就倾向于用怀疑防御任何可能的伤害，如果掌控了，就必须牢牢控制。因为只有这样才真正有安全感。

如何消除一个多疑的人，或愿意去怀疑的人的怀疑？根据他的心理倾向，有两招。

第一招，亮出你的自我，你对他没威胁了，相当于在心理上让他解除了你的武装，他安全了。而再不相信你，就会有道德压力。

这一招，我建议慎用，或在被逼无奈时再用，因为如果你用了，就相当于，你和他的关系是不平等的，你承认了，你在他面前是弱者，他可以控制你。

第二招，引导他，让他最后得出的感觉是他自己的判断。这个和对固执的人一样，你无法说服他，只能引导他，让他自我说服。

好，回到我们前面所想象的情境对话。你该怎么做呢？

我们想一下，当你的男朋友或老公问你这句话时，在他心里发生了什么？

发生了：你和那个男的有暧昧关系！同时，他在心理上预设了：你会狡辩，你会不承认。

所以，为什么解释最多是息事宁人，而并不能消除他的怀疑？因为你迎合了他的心理预设，并没有把事情引导到最终由他的判断来让自己说服自己的正确轨道上，而是在企图说服他！

说“我和别人吃饭有问题吗？”“你在怀疑我？”这显得你很敏感，而你敏感，恰恰也和他的心理预设一致，只能让他加深怀疑：“哈，她有鬼，要不怎么那么大的反应？”同时，你激起了他的心理保护：“我问你和那个男的什么关系，你居然反过来指责是我有问题。”

这其实是一种对抗。

反问“你和别的女人也吃过饭，难道也有什么不正常的关系吗？”开始摸到真正的问题的边了，但仍然是不行的。因为这种语言套路，完全没有切入他的心理。他肯定认为自己很正常，而你不正常啦，所以，根本就不会承认你所推出来的“如果你在类似情况下和别的女人吃饭正常，那么，我和别的男人吃饭也正常”。

怎么办？再往前一步。情境对话可以变成。

男：那个男人和你什么关系？

女：（装无辜、迷惑，给他一个微笑）女的和男的在一起吃饭，不正常啊？

男：……

好，在这个时候，你男朋友或老公会反问“正常吗”之类的话对不对？那就意味着，你可以引导他了。

你可以这样回答：“你和别的女人吃过饭吧？”

这个时候，在他心理上发生了什么呢？他会在脑子里迅速过一遍，自己到底和别的女人吃过饭没有。他当然是吃过的，他至少有女同事，或女同学之类吧？如果他确认，那么，他就没有原来的底气了！

接下来，一个聪明的女人，就可以引导他得出这个判断：“一个人不可避免地要和异性在一起单独吃饭，毕竟谁都有一两个关系好的朋友、同学、同事！”那么，到最后，你很正常，不是你告诉他的，而是你男朋友、老公自己的判断！

2. 一个憋不住话的人，同时是一个害怕得罪别人的人

很多人往往肚子里憋不住话，不说出来非常难受。

我想告诉大家，如果你碰到这种人，请相信他是一个好人，至少没有害人之心。和他接触，你很安全。

一个人之所以憋不住话，要说出来才轻松、自在，是因为他认为，这些话很重要，不说出来要么对不起别人，要么显得自己很阴暗。

就是说，不说出来，他会有很大的压力。

所以，话憋不住其实是一种隐秘的心理保护。他害怕别人怀疑自己没有道德，有所保留，不坦诚，害怕自己有任何不利于别人的企图，也害怕别人这样认为。

也就是说，一个憋不住话的人，同时是一个害怕得罪别人的人！

他把自我给亮出来，让自己暴露在明处，相当于这种情况：在博弈中，

哪怕没有人要求，一个人也主动把自己扒光，证明自己没带武器。

而同时，他在把自己扒光时，基于心理保护，也和对方单方面签订了一个心理契约：希望你也能坦诚地对待我，因为我已经没有防御能力了。

然而，有多少人能够对憋不住话的人回报以坦诚呢？恰恰相反，如果是在博弈中，一个人这样干只能是一种自杀：把自己给脱光了，暴露在明处，然后任由在暗处的人打击。

所以，我们憋不住话，得看对象、得看情况，不能仅仅追求说出来的轻松自在，因为对方不一定理解，甚至也不愿意去理解你为什么把憋着的话说出来！

3. 信任一个人，我们在心理上就解除对他的防御了

和肚子里憋不住话的人相比，城府很深的人只憋不住一种话，那就是时机出现时对自己是有利的。

当我们说话时、生气时、高兴时，都是对自我的一种暴露。但一个人为了不让自己暴露，不可能一直装哑巴或白痴吧？

如何既像个正常人，同时又不自我暴露？城府很深的人，在这方面很会玩。

他们玩的心理招数是：不让心理结构直接和世界发生联系，而是用智力结构牢牢地控制它。也就是说，不让自己有自发、正常的喜怒哀乐，而是喜怒不形于色。同时，在某些场合里，他要玩出的表情、姿态、动作、语言，只是一种智力结构控制下的表演，是情境的需要，没有携带他真实自我的信息。

那么，在这些情况下，你根本就看不到他的自我。

一个城府很深的人，在和别人打交道时，心里有着极强的防御，不会在心里真的信任任何人。因为信任一个人，他在心理上就解除对别人的防御了。

当我们面对一个城府很深的人时，心理上也不会感到安全。原因是，他隐匿于黑暗之中，根据其利益或心理需要，随时可以对我们进攻。而我们暴露在明处，无法摸透他，因此，在心理上也无法防御他。

针对这种威胁，我们采取的只是一种替代性、从而也无效的心理保护策略：即鄙视他、厌恶他。原理就是：通过价值上和情感上的主动攻击，来获取在他面前的心理优势，掩饰我们在他面前的不安全感。

一个菜鸟，能够玩的也许还只是打哈哈、说些不痛不痒毫无实质内容的话，这其实非常愚蠢。因为他这样说话，目的虽然是让人看不出他的真实想法，但这种低级的表演，恰恰携带出了他作为一个城府深的人的“自我”！通过心理分析，反而可以看出他的心理动机！

所以高手级别的城府很深者根本不屑于这样玩。

他们要玩的，是无论说话，还是表情，都没有个人色彩，没有自我的特征，体现的都是背后的抽象力量、游戏规则。他的存在，就体现为这些东西，而不是他自己！你能从一个领导在做一篇八股报告时，看出属于他自己，而不是官场的特征吗？

要防御、对付城府很深的人，最好的方法就是两个招式：先以其人之道还治其人之身，后突然以其人害怕之道，治于其身！

4. 一个人沉默不语，原因可能是他没有碰到值得对话的人

沉默寡言的人也把自我隐匿于黑暗之中，但他们和城府很深的人是不同的社会物种。

一个人城府很深，意味着他要控制自己不说能够自我暴露的话。而一个人沉默寡言，则是不想开口对世界说话。

大概有这样几种沉默寡言的人。

一种是真正的老实人。

他们在这个世界上只是一个卑微的角色，按照社会的价值排序，是一个失败者。因为不可能期待出现改变命运的奇迹，所以他们认命了，采取的心理保护方式就是撤回自我的家里，不再对世界抱有什么诉求，不想再说什么话。

对于这种老实人，你要他说话也挺简单，就是给他安全感、亲切感、信任感。

一种是心理扭曲、孤僻，但在内心具有强攻击性的人。他们的极端，就是冷血杀手。

有一句话叫“三天不讲一句话，肚皮鬼怪大”，说的就是这类人。他们只是嘴巴里没有对世界说话，但在心里一直在说，只是我们平时没有听到，或没有注意去听。

由于他们在成长过程中有过心理创伤，比较自卑，因此，沉默寡言是一种心理保护的策略：一方面把自我隐匿起来，使世界捕捉不到他的自我，无法防御他；另一方面，他待在暗处窥视着世界，使自己在心理上对世界具有了威胁性。

对他来说，当别人把他拉到明处来观察，在心理上是极为危险的，因为他的心理保护被瓦解了。所以，他恨那些有意无意总要注意他或讨论他的人恨得入骨。

能避开就避开这种人，不得不和他打交道时，内心里防御他，表现友好，不要和他开玩笑，不要过多地问他，这是我的建议。

还有一种，就是已经对世界表示失望，已经很累的人。他们往往不肯放弃自我，但在这个世界中，他们感到了无奈和无力。于是，像第一种人一样，他们也从世界中撤回自我的家里，只追求内心的宁静，不想再有什么纠缠。

但其实这也只意味：他们碰到的人都不值得他们开口说话。在内心里，他们还是希望能够有一个真正可以和他们对话的人。

5. 好胜心强其实是一种另类的强迫症

假如非要在人与人之间比一下的话，那么，可能没有多少人愿意自己被别人比下去。

但是，有些人在心理上就是一贯地要强迫自己把别人比下去，把别人打败，否则就很痛苦。他们好胜心强。

对于好胜心强的人来说，好胜心不再是一种情境性、即时性的心理，而是一种心理倾向。

比如 NBA 那位科比同学，不仅好胜心强，而且打败竞争对手后，还要调戏一下人家，似乎心理有些变态，追求的就是以“胜利者”角色羞辱别人的快感。

一个人为什么好胜心强呢？他不可能是天生的。那么，可以想到：在此之前，一定发生过了什么，让他变成了这样。

同时，一个人好胜心强，就是恐惧不如别人，因此，似乎有什么在驱赶他要去把别人比下去，他身不由己，而且不敢停下来面对自我。他只知道，就是要比别人牛。这是他进行心理保护的方式。

那他到底恐惧什么呢？

在以前，可能发生过这类事情：

a. 小时候家庭环境不好，贫穷，或父母不和，因此被人嘲笑、鄙视，自己很自卑；

b. 小时候，父母不断地灌输他一定要出人头地比别人优秀之类的观念，不听话就打骂，他做不到就有道德压力，就恐惧；

c. 小时候，因为其他原因，被人嘲笑、欺侮过。

这三种情况有一个共同的特征：过去让他恐惧，他要逃离。

而要有足够的心理动力逃离他人嘲笑、鄙视，以及父母期待、威胁的目光，他就得告诉自己，一定要怎么怎么样。于是，这些人的目光，变成了他看自己的目光。他必须监督自己。

就此而言，好胜心强其实是一种另类的强迫症。

如果他不强，会有什么后果呢？很简单，竞争者的存在，会给他一个刺激，在无意识层面把他打回了过去的恐惧情境。竞争者的存在，就相当于原来嘲笑、鄙视、期待、威胁他的那些人。

所以，不敢面对自我的他，在心理上，竞争者相当于过去那些给过他噩梦的人。他把对后者的恐惧和敌意，投射到了竞争者身上。

如果他强了呢？那么，小时候那些嘲笑、鄙视他的人，在他心理上，还可以这样做吗？对他期待、威胁的父母，还可以给他道德压力或威胁打骂的恐惧吗？

而被他打败的竞争者，还可能把他刺激回过去恐惧的情境吗？

我们可以想象的是，当一个好胜心强的人战胜竞争对手后，在内心里一定有着对后者的羞辱，因为这就相当于他对过去那些嘲笑鄙视他的人的报复。

而像科比那样公开表现出来，只能说明，过去给他的耻辱太深入骨髓了。

但这种强迫症，一个人只是强一两次是不够的，因为只要有一次不强，那些噩梦又回来了。

正是如此，我们发现了好胜心强的人的软肋。

最大的软肋当然就是他无法战胜竞争对手。其次，他的痛苦是难免的，因为他不可能在所有方面都强。

就算他得胜了，别人要打击他，也非常容易。

毕竟，好胜心强的人，他是在心理上强迫自己显得优秀，把别人比下去。那么，得胜本身并无意义，必须把得胜表演给几种人看：他自己、构成他过去恐惧情境的人和他竞争的那些人。

也就是说，他实际上非常在乎别人对他得胜的态度！

6. 对于急性子来说，快速地让他们确立一个秩序，看到一个结果，他们就抓住了可以治疗焦虑的东西

性子急的人就是急性子，他们在心理上，为何会成为这种样子的呢？

我们先来描述一下什么是“急性子”，可能有以下这些情况：

A 男和 B 女是夫妻，每次出门前，面对 B 女的梳妆打扮，A 男总是不耐烦，催她快出门；

C 和 D 是同学，C 告诉 D 一件事情，说得很慢、很不直接，D 使劲催促，什么事快说！

看到没有，当 B 女和 C 同学做事情不快时，A 男和 D 同学显得很不安、焦虑，并通过埋怨对方，希望对方赶快消除他们的不安、焦虑，对不对？

然而，再看第一种情况，有没有 A 男对 B 女热情降温的感觉，他是否只考虑自己，如果处于热恋阶段，他可能不是这样子的，是不是？

第二种情况，D 同学是不是不耐烦 C 同学的表达方式？

我们从中看到了什么？就是：A 男和 D 同学，在某种程度上，都是自我中心主义的，不耐心替对方考虑，或希望对方顺着自己的方式来。

但在这里，我要强调一下，一个急性子，一定是自我中心主义的。但一个自我中心主义的人，不一定就是急性子。

我们看到了，急性子的背后，是他在心理上的某种不安、焦虑，和自我中心主义一结合，真相就出来了：

或者，一个急性子，在心理上有些自负，因此希望自己来主宰一些事情，不适应迁就他人；或者，他对一些事情没有控制感，按别人的方式来玩，他在心理上抓不住确定性，无法防御。

共同的特征是：他们都有焦虑的心理背景。急性子在心理上，也是一种基于心理保护的强迫症：快速地让他们确立一个秩序，看到一个结果，他们就抓住了某种东西，可以来对抗这个心理背景了。

试图刺激、戏弄急性子，将被视为一种挑衅，因为你在试图打击他已经被激活的心理保护，将激起他另外的心理保护——愤怒——来回应你。急性子的人一不顺心就容易发火，正在于现实情境往往不如他们的意。

有一招可以化解急性子，那就是温柔或友好地对他说“别急”。他会安静下来，因为在那一瞬间，他不再是被心理保护操纵的心理动物，意识到了要照顾到别人，或事情不能按自己的性子来。

7. 一个慢性子获得心理优势的方式，就是维护他玩的那一套

要折磨一个急性子的方法很简单，把慢性子和他搞在一起即可。

急性子和慢性子的表现看起来相反，后者是怎么回事呢?

我们已经知道，一个急性子是一个自我中心主义的人，而慢性子其实也是。

他们的区别只是：急性子表现为不耐烦去顺着别人，很在乎别人和自己打交道的方式，而慢性子则专注于维护自己的那一套，他们不在乎别人怎么玩，但在心理上拒绝去顺着别人。

看到没有？同样是自我中心主义，他们出于心理保护，都要维护“自我”，但心理保护方向是相反的：急性子是指向别人，对别人具有进攻性；而慢性子是指向自己，维护自己的那一套，对别人没有进攻性。

为什么呢？答案是：急性子的心理背景是焦虑，别人表现得慢吞吞对他是一种折磨，因此摆脱焦虑的办法就是去改变别人，从而适应自己的心理保护；而慢性子的心理背景是对世界的不信任，他要用自己那一套建立一个秩序，得到心理上的安全感，或对世界的控制感。

所以，这一点并不奇怪，一个急性子，你只要不慢悠悠地折磨他，而是适应他，他可以很健谈，对你很热情；但一个慢性子，无论你是否照顾到他，他对这个世界都没多少热情，因为他不能把自我投入到世界之中。

就是说，他在心理上已经撤退回自我的家里，必要时才伺机出击，但急性子并没有撤退。相反，他随时都想出击，扩展他的地盘。

8. 当一个人报复别人的时候，从心理上是为了防止再被伤害

在这个世界上，有面对别人的欺负忍气吞声的老实人，但也有报复心强的人。

一个人如果被别人伤害，他想要报复，这种心理是正常的。凭什么那些伤害别人的人可以不受到任何惩罚呢？这不公平。

但当报复心成为一个人的心理倾向，比较强烈，他明显和别人不一样了，他是什么样的人？

这种人有一个特点：不会主动去欺负别人、伤害别人。但别人如果欺负、伤害了自己，他一定要报复，无论是用什么手段。对于他来说，容忍别人对自己的欺负、伤害，在心理上是无法生存的。

所以我们可以发现，报复心强的人和别人签订了一个心理契约：你应该尊重我，不可伤害我。

而在他成为一个报复心强的人时，以前一定被人伤害过！

大致有这几种情况让一个人倾向于报复。

一种是他正义感较强，对某些人看不惯或有恨，所以，这些人如果惹了他，他一定要报复，报复在他心理上就相当于惩罚邪恶。

另一种是他比较自卑。正因为他自卑，和大家比较，他潜意识里有一种

好像大家都欠他的心理，内心语言是“我不如你们，本来就不公平。所以你们应该尊重我，而不是伤害我”，这是一个心理契约。所以，如果别人违反了这个心理契约，伤害到了他，他一定会报复。《甄嬛传》里的安陵容就是这种人。

还有一种，就是以前他被人伤害过，有再被伤害的恐惧，所以，一旦被再伤害，出于心理保护，他一定要报复，而且越有恐惧，下手越狠。以色列人一直不放过对纳粹分子的追杀，对伊斯兰恐怖分子的报复也绝不手软，正是这种心理。

如何判断一个报复心强的人，到底属于哪一种?

我在这里提供一下识别的标准：如果一个人没有什么思想追求，没有什么信仰、信念之类，那他一定不是第一种报复心强的人，只可能是第二、第三种；如果他只是一个看起来窝囊的人，那么，他是第二种。第三种人往往是强者。

9. 帮别人的忙，是老好人治疗自我无价值感的药方

有一种人叫“老好人”，他们的存在似乎就是让那些精明的人利用。

但别人只是在需要利用他的时候，才会和他显得热情，显得重视他，不需要根本不会正眼看他。他以为讨好别人是人缘好的一种方式，但不知道人家只是利用他，而不是真瞧得起他。

老好人总给人一种窝囊、无能、好说话的形象。当别人叫他帮忙的时候，他不敢拒绝别人，害怕得罪人。他内心有道德感，觉得不帮别人对不起别人。有时候付出自我帮别人后，痛恨自己，但往往又接着干。

他其实很孤独，害怕被人排斥。

在这里要说一下，老好人不是好好先生，好好先生是装的，但老好人是心理动物。两者是形似神不似，是不同的心理物种。

让我们走进一下老好人的内心世界，问一下：他为什么害怕得罪人，为什么要留给别人好印象，为什么有不帮人就觉得对不起别人的道德感?

就是说，他为什么那么在乎别人，在乎别人有求于自己？

答案是：他潜意识里感觉到自我的卑微，无价值感，一直在麻木、逃避自我。

那么，如果有人主动找他帮忙，让他觉得自己有点价值，受人重视的机会也就来了。别人请他帮忙，在某种意义上，其实是他治疗自我无价值感的药方。

所以，如果老好人一直期待和某些人搞好关系，得到他们的重视，那么，当这些人开口，而且帮的忙也是举手之劳，他就会很欣喜地去干。因为在这种情况下，其实不是他帮别人，而是别人在心理上帮他！

人的心理，有时候就是这样让人唏嘘慨叹。

但如果找他帮忙的人不是他一直期待搞好关系的，或者帮的忙也不是举手之劳，他内心就陷入了挣扎。

之所以挣扎，是因为这个时候不是别人帮他找到自我价值感了，而是他要付出自我去为别人。那么，内心里就隐隐有一种要为别人付出甚至被别人利用的感觉，他是想拒绝的。

但是，他害怕。因为如果他拒绝别人，也就埋下了有可能别人会恨他、伤害他的隐患。

但如果还仅仅是这样，他就不是老好人了，而是其他人了。他之所以是老好人，是在这种情况下，还有道德感在说话！

对于一个老好人来说，道德感有两个功能，一是他确实是好人，不帮别人，他无法对自己交代；二是他要进行心理保护，即用道德感来偷换概念，掩盖掉他对得罪别人的恐惧，不是去想我如果拒绝别人有什么后果，而是审视自己：我不帮别人明显是不会做人，对不起别人啊！

于是，道德感双管齐下，他终于在心理上压服自己，要去帮。但自己也知道这是在自我强迫。所以，他又恨自己：为什么我这么无能，为什么要牺牲我自己去帮别人？

当然，如果别人回报自己，那他就得到补偿了，这种感觉将烟消云散。但如果别人以后理都不理自己呢？他就会有一种被别人当傻瓜耍、利用的感觉。心理后果就是：恨自己，恨别人。

恨自己意味着什么？他会愈加感觉到自我没有价值，自贬更加严重。而自我没有价值，也意味着更加期待别人重视，更加期待别人给他一个重视他的自我价值的机会！

恨别人呢？由于他有道德感，恨的那一瞬间，他可能会恨抽象的所有人，认为所有人都在耍他，但是，他恨的其实只是抽象的人和原来耍他的人，不是其他具体的人！这是有道德感的人和没有道德感的心理变态的人的一个区别！对于后者来说，只要有一个人伤害他，他会恨所有的人，无论是抽象的还是具体的。

所以，尽管被别人耍、被别人利用，如果有人找老好人帮忙，他还是要帮，因为他对那个人无恨，而且因为恨自己导致自我更加没有价值感，更加期待别人重视，他实际上更加需要有人找他帮忙！

这就是老好人最大的悲剧：在心理上给自己下了一个套，就一直钻着出不来，恶性循环，越搞越糟。有的人终其一生都是被别人利用，活得窝囊，找不到自我价值感的一生。

我们要做好人，但不能做老好人！

而走出心理上那个圈套的第一步，就是学会拒绝；第二步，学会审视自我。

如果你的亲人、朋友是老好人，总也改不了，该怎么让他们改变？在这里我有两个比较狠的招数：第一个，对他说那些人只是想利用他，根本就看不起他，然后问他，你帮亲人、朋友多少？第二个，对他说，一般来说，一个人要帮别人，自己要有本事，你的本事是什么？

第一招，是激起他对亲人、朋友的道德感；第二招，是激起他的自我无价值感，逼他面对自我，而不是靠帮别人的忙找感觉。这两招都是以毒攻毒。

10. 有的人喜怒无常是因为觉得可以控制一切，有的人则是对世界耍赖

碰到一个喜怒无常的上司，很多人估计会非常郁闷，因为你根本摸不准他的脾气。一不小心，你就惹怒他了。

具有喜怒无常心理的人到底是什么人呢?

我们想一想，在A时段你对我说了两句好话，我就喜；在B时段，你对我说了两句别的话，我就怒，说明什么?

说明，你只是满足我的情绪的一个工具。我在心理上预设了：我，老大，你要迎合我。

也就是说，喜怒无常的人，都具有自我中心主义!

但如果和城府很深的人，以及和老好人比，他们为什么就不怕自己的喜把自我给暴露了，自己的怒会得罪人呢?他们并不全是社会中的强者，有让别人害怕的权力，也有混得窝囊的人，也喜怒无常的。

所以可以看出，一个喜怒无常的人，不仅具有自我中心主义，其实对这个世界还有一种恨意，恨可以让他们毫无顾忌。当他喜怒无常时，潜意识里有一种威慑到了他人的快感。

稍有点不同的是，一个喜怒无常的强者，在心理上可以控制他玩个性的后果，想怎么样便怎么样，但喜怒无常的弱者，则有一种耍无赖，即破罐子破摔的心理。

怎么应对喜怒无常的人呢?

他们最成功的地方，就是用情绪也激起了我们的情绪反应。想一下，如果上司喜的时候，他希望我们最正确的反应是什么?是站在一边也跟着喜悦一下。他怒的时候呢?当然希望我们最正确的反应，就是诚惶诚恐、道歉、赔小心了。

就是说，你要配合他的情绪，在心理上，要被他的情绪卷进去，这样他才始终对你有控制感、威慑感!

所以，他最恨的就是你对抗他的情绪。这种傻事，当然没必要做。

如果不是对抗，而只是有礼貌地不配合呢?这就暴露了他的软肋：只要你没有被他的情绪卷入进去，而是相当于站在一边审视他，他在心理上瞬间就处于心理弱势，被你震慑到了，必然对你另眼相看。

所以，对一个喜怒无常的上司，有礼貌地、微笑地、不动声色地看着他发火，听他讲完，远比显得诚惶诚恐高明得多。

11. 如果一个人不精明，那么，他就想从扮演一个精明的人中得到快乐

和一个斤斤计较的人打交道是很累的，因为他们屁大点的事也要和你算清楚，绝不让自己吃亏，而且，琐碎的小事也要抓住不放，让人不胜其烦。

一个人把自己弄得那么斤斤计较，其实是很容易的，在心理上，他由两种人变来。

一种是屈服于社会价值排序，但没有本事，也没有自信把自己做大做强的人。做这样的梦只能给他带来伤害。对于他来说，什么“感情投资”，什么“先给别人，再图回报”，都是扯淡，因为他骨子里已经不敢信任别人，也不敢对别人抱有什么期待。

既然如此，那就撤吧，撤到世俗生活中，撤到自己能把握的琐碎小事中，在利益上、关系上不让事情模糊化，从而在心理上确立一个和别人的边界，抓住自己能够抓住的东西。只能这样了。

另一种是对自己手头所拥有的东西没有安全感的人。既然如此，他们就要一分一毫地死命护住，因为失去一分一毫，在心理上会逻辑地失去全部。

斤斤计较的人无一例外地庸俗、势利、目光短浅。他们不是精明人，但要扮演一个精明人的角色。

12. 任性的人也自恋

任性的人都是被宠坏的孩子，他长大后，在心理上还没有长大。

看起来很奇怪：对父母任性，那没有问题。但是，对朋友也任性，就不怕得罪人吗？凭什么别人要将就他？

回答是：他把别人看成是父母了，而且在心理上期待别人像父母一样包容他。

对于一个任性的人来说，小时候的生活是多么美好啊，想怎么样就怎么样，为了维护自己的地位，撒娇、撒泼诸种手段无所不用其极。渐渐地，他成为一个自我中心主义的人。

长大后，他脱离父母，慢慢地发现，其实别人没有宠着他、包容他的义务，

他在心理上受挫。

于是，他拒绝在心理上长大。当着朋友的面任性，其实是一种无意识的“故意”。他在心理上一定要重复过去的生活。

就是说，在过去，他的任性是做给父母看的，而现在，他虽然是对朋友等人任性，但其实是做给自己看的，他一定要在心理上向自己证明，自己还是那么伟大。

但别人真不是他的父母，于是，任性的人，为了蒙蔽自己的眼睛，必须要养成另一种心理保护，那就是自恋。

13. 任何一个喜欢挑剔的人，内心都有一种隐痛：对自己不满意

没有比对别人指指点点，说这样不行那样不行，更能让我们找到感觉了，如果我们对一个被我们挑剔的人有权力，那就更爽。

任何一个喜欢挑剔的人，内心都有一种隐痛：对自己不满意。

挑剔，在心理上的意义，其实就是通过寻找、放大别人的缺点，然后予以贬低、攻击，从而来逃避面对自我，以避免陷入那种对自己不满意的焦虑和挫败。就是说，他把对自己的不满意投射出去了，不幸，被投射的那个人是你。

但请放心，一个喜欢对你挑剔的人，在内心深处，可能还觉得不如你行。

喜欢挑剔的人大致有三种类型。

一种是完美主义的，多见于工作狂人。他对自己要求很高，但当然不可能做到。怎么办？投射出去，看到别人所做的不行，或认为不完美，就会激起他对自己不满意的焦虑，所以，他就会发作，而一发作，那当然体验到的，就是别人不行，而不是他不行了。

挑剔别人，其实是他对自己的一种督促和惩罚。只是，他没有意识到而已。

所以，遇到这类挑剔的人，尤其他又是你的上司，大可不必郁闷。你只是他针对自己的一个媒介而已。也许你应该做得更完美一些，这样，因为他必须对追求完美的那个自我认同，如此一来，就必须认同你。

让上司看见他很想看见的自己，不要让他看见那个他最不想看见的自己，

这个道理可能谁都懂，但如果不知道上司的那个“自我”是什么，根本就用不上。

另外一种类型，是一个人骨子里对自己并不满意，有一种挫败感，这些情绪弥漫在他的心理结构中。他恨自己，但认为别人对自己的失败也有责任。于是，他就通过挑剔，来对别人进行报复。

一个总嫌自己的子女做得不好的人，大抵就是这种类型。

还有一种，心理就更阴暗了。就是一个人知道自己不行，但在心理上不允许别人比自己行，于是嫉恨，挑剔就是给嫉恨的发泄找一个借口。

14. 对于害怕改变的人来说，做出选择，就像是一场赌博

一个短暂易逝的机会，从来不等一种人，那就是优柔寡断的人。

一个优柔寡断的人处于不知如何选择的焦虑之中，而看到他那种样子，别人也会不安，因为我们骨子里讨厌不能决断所带来的那种不确定性和拖延，喜欢干脆点。

让我们想象一个场景，来看一下优柔寡断的心理真相。

有一个人在网上买一个耳机，比较来，比较去，评论都看了好几页，最后决定要买 A 款式的；但下单之前又犹豫很久，找了一堆这种款式的好评才最终下单。

买一个耳机，他为什么搞得那么累？

可以发现优柔寡断的人有一个特征：对陌生的东西没有安全感。当要面临选择时，对于他来说就像是一场心理折磨，因为选择似乎要把他带离熟悉的“现在”，抛入一个陌生的、不能预知的世界里。

对这个人来说，在没有打算买耳机的时候，他熟悉了没有耳机的生活了，感觉很安全。但有一天，他受时尚的影响，或是需要，想要买一款。那么，在他心理上，也就意味着，因为耳机这个因素的存在，他原有的生活，可能要打乱了，他害怕这一点。

因此，他把对生活可能被改变的焦虑，投射到了耳机上，非常在乎耳机是否好，非常在乎别人对耳机的评价。他激动，但又担忧。

对于他来说，买耳机，做出一个选择，就像是一场赌博，而赌注就是给他安全感的“现在”。

15. 当一个人对你很不屑的时候，他只是在心理上告诉自己，他比你牛而已

一个喜欢和别人较劲的人，其实是一个在内心里自卑，害怕得不到关注的人。和别人较劲，其中的一个真相就是不择手段地突出自己的存在。

为了理解喜欢较劲的人，我们先看一下叛逆期的孩子。

进入青春期后，一个孩子开始需要有一个自我的独立性的证明了，而这，就需要摆脱父母的控制。

但父母还是习惯于控制他，在心理上，仍然只是把他当小屁孩。

那么，为了证明自己的“自我”是独立的，确立自己的存在，而不是父母的附庸，叛逆的孩子就表现为：你叫我往东，如果我往东了，那就意味着我和过去一样，仍然是听你的话，没有独立的自我，体验不到自己的存在，所以，我一定要往西。而如果你不叫我往东呢？我往东，当然就是我独立意志的体现了，可以让我感觉到我的自我是独立的，我有存在感，尽管我往东，其实也是父母内心希望的。

一句话，无论有理没理，他就是要和父母对抗。

喜欢较劲的人，也是有理无理地和别人对抗。

和叛逆期的小孩一样，他们有找不到独立自我，找不到存在感的焦虑。但前者的确是受到父母的压制，他们则是在和别人的对比中，感觉到一种压抑，因此对世界有一种莫名其妙的恨。如果你的出现刺激到了他，那么，他就会想尽办法在你身上找到存在感。

所以，一个喜欢较劲的人，除了突出自己的存在，被人关注，还有另一个真相，就是报复。当他这样做时，眼睛一定充满了仇恨和不屑。

仇恨可以理解。为什么充满不屑啊？

回答是：在别人面前，他骨子里其实是心虚的，没有心理优势，只能通

过不屑来给自己鼓劲：我比他牛多了。

所以大家看到一个人对你很不屑的时候，要知道，他只是在告诉他自己，他比你牛而已。

我想问一下：一个喜欢较劲的人，在别的方面找不到成就感，所以，只能靠这样玩来在心理上生活了。是不是有点可怜?

发现一个喜欢较劲的人，一个喜欢挑剔的人，一个斤斤计较的人，一个喜怒无常的人，一个小人，一个恶人在心理上其实是多么可怜，正是我们超越了心理动物档次的标志。

Part

革命导师卡尔·马克思教导我们：“理论一经人民群众掌握，也会变成物质力量。”

我们要确立这一崇高信念：用理论武装起来的人民，是战无不胜的！

对这段话，伟大领袖毛主席补充：“枪杆子里面出政权！”

而作为革命群众甲，我也补充：“很多理论都可以提炼为方法来运用，而且，不同的理论，可以融合、提炼为一种厉害的方法！”

我想请大家记住：如果一个人不能把理论提炼为方法，或学不会别人根据理论提炼出来的方法，他其实并没有掌握理论，只是“知道”理论是说什么而已！

能够用方法来把理论用上，转化为“物质力量”，那才是理论的最高境界。当然，这个“物质力量”，你怎么用，就可以怎么理解，正如你了解了一个朋友的心理，是用来帮他；但商家了解你朋友的心理，目的是操纵他，赚他的钱！

任何一个领域的牛人，都需要一套观察和分析世界的方法来武装自己，因为只有这样，他的头脑和心理才能和世界的秘密建立联系，从而识破世界，抵挡世界，把握世界。如果有人说，他什么理论方法都没有，那一定是装，装天才。

励志大师荀子就揭穿过这种装。他苦口婆心地对我们说：

“登高而招，臂非加长也，而见者远；顺风而呼，声非加疾也，而闻者彰。假舆马者，非利足也，而致千里；假舟楫者，非能水也，而绝江河。君子生非异也，善假于物也。”

看到没有？荀老师说，一个人牛，主要是“善假于物也”。

对于我们来说，所谓的“一眼就看穿什么什么”，正确的解释是：在此之前，已经用理论、方法有了N次实践，才形成了敏锐的直觉！

这个道理，连欧阳修笔下那位长期摆摊卖油、幸运地没有遇到城管的小贩都懂：“无他，唯手熟尔。”

我们已经知道：一个人之所以成为一只心理动物，之所以在生活中、工作上、头脑中和心理上都出现问题，恰恰是因为世界和自我的门没有向他打开，或打开得太小了。

现在，我们要用力打开这扇门。

关于方法的讲解，我遵循的是由浅入深的原则，尽最大限度可以操作。

但如果谁要求我弄出一套可以傻瓜式操作的东东，让懒人也可以学会，我只能遗憾地告诉他，犀利的心理分析是一门技术，也是一门艺术，不是计算1+1=2，它是做不到这一点的——它讲究搞懂原理基础上的灵活性、情境性，要求头脑和心理都很敏锐，实在无法还原、简单化成头脑的傻瓜式反应！

这一点，我相信你懂的。

Methods

第九章 09

心理动机

1. 我们就是要"诛心"

心理分析在方法论上属于直捣黄龙，直击要害，绝不在事物的表象上兜圈子。

常有人说不要玩"诛心之论"。那是用在辩论上，说一个人不能违反辩论的游戏规则，无视别人说什么，却去猜测别人的心理动机，并扣上一个帽子。这在逻辑上是犯了"人身攻击谬误"，比较低级。犯这种逻辑错误的人，或者比较阴险，或者比较弱智。

但是，在非辩论的很多场合，因为我们面对的不是人的智力结构，而是人的心理结构，我们就是要"诛心"！

"诛心"的意思，是破译他的心理动机，即他行为的意图。最高境界，就是一眼看穿，然后瞬间有应对之策。

■破译心理动机的第一条路径：用"身份、地位……—情境"的公式去套

2. 只要你不认为一个人是傻子，那就千万不要认为，他所说的每句话、所玩的每个动作，背后都没有心理动机

很久以前，在一所中学里，一位老师正在给一群学生讲一篇叫《孔乙己》的课文。

我当时是这些学生中的一员。

课堂上有两分钟左右的时间，用来分析课文里"站着喝酒而穿长衫的唯一的人"这句话。当然，谁都知道，答案一定很教科书。

不过，在完成了洗脑的常规程序后，老师发表了他的独家意见。他请我们去想象："同学们，孔乙己是出现在一个有长衫主顾光临，但更多的却是短衣主顾吃喝找乐趣的地方啊！"

我的初中语文老师估计没有想到，很多年以后，他有一个学生从乙己兄这儿找到了一条破译一个人心理动机最简单的办法：把他的身份、地位……

放到某个和别人打交道的情境中。

原理很清楚：当 A 和 B 在打交道时，他们的头脑和心理都不是空的，而是携带着身份、地位、利益诉求、爱好、价值观、认知、欲望等诸多背景。用我的话说，这些东西，构成了他的心理背景。

这些心理背景，会驱动一个人在某个情境中进行自我认同，或者和别人进行利益竞争、心理竞争。所以，当我们和一个人接触时，实际上是和他的整个存在，他看上去是什么样子以及他的心理背景接触！

这就意味着，A 和 B 所说的话，所玩的 Pose，表达的，如果不是他的自我认同，就是利益诉求，或者心理诉求——总之一定会受到他的心理背景的影响！

相信我，只要你不认为一个人是傻子，那就千万不要认为，他所说的每句话、所玩的每个动作，本身都无意义，背后都没有心理动机！

我想说，“身份、地位……—情境”，即“心理背景—情境”是一个破译心理动机的简易公式，在一些情况下，把它一套，我们甚至可以预测到一个人会说什么话、会做什么事。而如果他已经说了、做了，往前一推，就可以知道他的心理动机何在。

最熟悉和简单的例子，莫过于一个销售员向客户推销产品了，他所说的话、所玩的花样——无论是什么话、无论是什么花样，心理动机一目了然：搞定客户。他的身份就是销售员，所处的情境就是销售时和客户的互动，就是为了利益而推销的。

再来看另一个同样很简单的例子。

有一个在体制内的人，和上司平时关系不错，私下里走得很近，称兄道弟的。但是，在公开场合，上司对他的态度就完全变了，官架子十足，让他非常郁闷。

这句话不用我说了吧？——他的上司其实只是在向观众表演时，委屈他配合一下而已！

把上司的Pose翻译成内心的语言，就相当于对他说："兄弟啊，在别人面前，我要装啊，显得自己大小也是个领导啊，知道不。你呢，应该配合我表演，在我命令你干什么时，要赶快服从，给老大我一个面子，明白不？"

在这类情况下，无论是基于人道主义精神，还是利益的考虑，我想很多人不会拒绝配合一下的：在语言、动作上传递出（不是直接说出）这种信息——"嗯，你是老大，你有权力，这一点我从来不打算否认，尤其是在别人面前！"

可以不配合一个人装吗？可以，在一个人对你没有利害关系，同时礼貌也没有要求你应该这样做的时候。

3. 有的事情会作为心理背景，陪伴我们一生

有的情况稍微复杂些。但仍然请记住"身份、地位……—情境"，即"心理背景—情境"这个公式。

我们要做的是：抓住到底是什么构成了一个人的自我认同，身份、地位、价值观、爱好、利益诉求、欲望、认知……还是别的什么？

一个富人，按照他的身份和利益，应该是为他的阶层说话，鄙视穷人的，对不对？但是，有的富人，所做的恰恰相反，他"背叛"了本阶层。这如何解释？

我们来看一个在 20 世纪非常牛，名叫“法兰克福学派”的思想家群体。

法兰克福学派现在还存在，名称叫“法兰克福大学社会研究所”，位于德国的莱茵河畔。它成立于 1923 年 2 月 3 日，在 20 世纪 30 年代纳粹上台后，因为迫害犹太人，而被迫搬到美国。二战后，又从美国搬回德国。世界级思想大师哈贝马斯，就是它的第二代掌门人。

但我现在要说的，是它的第一代掌门人霍克海默，以及他的同事。

这群人的名字有：霍克海默、阿多尔诺、弗洛姆、马尔库塞、本雅明，等等。马尔库塞我在前面已经提到过，弗洛姆我更是多次提到。

他们几乎全是犹太人，而且几乎都是富二代。然而，他们不会去飙车，不会去对穷人叫嚣“老子用钱砸死你”。相反，他们毕生都致力为穷人的尊严而呐喊。没有谁比他们批判那个曾造成严重的社会不平等、肮脏、黑暗和污浊的社会，以及富人阶层更为彻底和深刻了。

这种良知、教养从何而来呢？

答案在霍克海默目睹了在他家工厂里打工的一个女工的遭遇里。

霍克海默家开有一间工厂，生产人造棉。在这间人造棉工厂打工的女工，名叫卡塔琳娜・克雷默尔。

克雷默尔出生在一个贫寒之家，在受尽家庭和社会的侮辱中成长。后来，她不体面地怀孕了，并被卖给了一个酒鬼。苦难如影随形。第一次世界大战时，这个酒鬼丈夫被派去打仗，一去不回。她们母子二人的生活陷入了危机。

她跑去要求救济，而救济局却恶作剧地一天才给她家发一马克。公务员们根本不理她，甚至放肆地羞辱她。吃了十多天的土豆后，穿着破破烂烂衣服的她终于在霍克海默父亲的工厂里找到工作，发薪时，她可怜的、嗷嗷待哺的孩子们终于可以喝上一点牛奶了。但马上疾病又把她整垮了。她和她的孩子只能永远以土豆为生了。

霍克海默当时正被父亲安排在这间工厂里学管理。他看到了克雷默尔的悲惨状况，被极大地震撼了。于是，在给克雷默尔写救济证明时，他无法压抑自己，给自己的表兄弟写了一封信。

信里这样说：“我们是食人者，我们在抱怨被宰割者的肉弄得我们肚子疼。

你享有安宁和财产，而他在遭扼杀、在流血、在痛苦地挣扎，内心还要忍受着像卡塔林娜·克雷默尔那样的厄运。你睡的床，你穿的衣，是我们用我们的金钱这种专制统治的鞭子强迫那些饥饿的人为我们制造的。而你并不知道，有多少妇女在制造你那燕尾服的料子时倒在了机器旁，有多少人被有毒的煤气熏死，这样你父亲才能赚到钱，付你疗养费。而你却为不能读两页以上的陀斯妥耶夫斯基的著作而牢骚满腹。我们是群怪物，我们吃的苦太少了。一个屠夫在屠宰场会为自己的白围裙沾上了血迹而感到心烦，这实在太可笑了。"

是的。在这个世界上，利益之上还有正义，社会价值排序之上，还有良知。

这封信，是法兰克福学派成立的最初源头。而克雷默尔这位可怜女工的遭遇，构成了霍克海默一生的心理背景。他和他的同事们选择批判，而不是选择做一个无良的富二代的心理动机，是因为作为富二代，他们面对克雷默尔们，有负罪感、道德感、正义感！

为穷人说话，成为他们的自我认同。

4. 好哪一口，也许就是驱动我们行为的神秘符码

在这方面，我还没有讲完。有更复杂的情况，比如我们看见一个人干了一件坏事、蠢事，但不知道他为什么那样做。

这个时候，我们的原则是：综合梳理和他有关的信息，看哪些能够和他的行为联系起来。就是说，看哪些心理背景最容易激活、驱动他的行为。如果这些心理背景可以在心理上合理地解释他的行为，那么，这便是他行为的心理动机。

比利时有一个叫阿姆拉尼的电焊工，有一天跑到一个城市广场里，突然对人群大开杀戒。他先是用手榴弹炸，然后用步枪、手枪向人群开火，制造了 5 人死亡的重大人身安全事故。

这位阿姆拉尼先生也自杀了——当然，肯定是"畏罪自杀"。

而在前往广场杀人以前，他把自己的现金全部汇入老婆的账户，还留言说"我爱你"。于是，血案发生后，有媒体说，他这是在表示，他恨其他人，

但爱老婆。

由于阿姆拉尼已经死了，他的杀人动机成了一个谜，警察表示不知道。但我们能破译他的心理动机吗？当然能！

注意一下这些细节：这位仁兄平时喜欢玩枪。他曾因私种大麻和收藏武器而被捕入狱。当时警方在其家中查抄出一支冲锋枪、一支带瞄准器的狙击步枪、一具火箭发射器、数百发枪弹和一些消音器。

再记住这个细节：他杀人前是先用手榴弹炸，然后才开枪。

想一想，枪的功能是什么？射击、杀人对不对？

再想一下，一个人整天拿一杆枪瞄来瞄去，拆来拆去的，却又杀不了人，是不是非常地郁闷、压抑？

所以，用我们的"身份、地位……—情境"公式套上去，就可以看到，在这样的情境里，他的爱好被刺激起来了，构成了杀人隐秘的心理动机，内心里，始终有一股强大的欲念，推动他去向人群开火！为此，他甚至可以用死来做到这一点。

我想说，爱好、价值观、自我认同……所有这些东西，无不是驱动我们行为的神秘符码。一个人好哪一口，如果是好事情，就会成功在哪一口上；如果是坏事情，也许就栽在了哪一口上。

当然，像阿姆拉尼这种人，被爱好驱动要去玩真的，要大开杀戒时，内心里当然也会有犹豫和恐惧，人毕竟都不想死。正因为如此，他为了让自己完全放开，就选择了用手榴弹爆炸，来营造氛围，让自己进入角色。当爆炸声响起，就像演出的音乐响起，他登台演出，从一个只是把枪拆来拆去过瘾的人，成了一个真正的枪手。

■ 破译心理动机的第二条路径：看到一个人在玩心理保护

5. 一个人装的时候，他一定是想要去掩饰、包装什么

到这里，我们要问一下：这么一个凶残的、已经没有人性的人，真像媒

体所说的那样很爱老婆吗？

这就涉及了我们破译心理动机的第二个杀着：看到一个人在玩心理保护。

在本书的第一部分，我已经爆料，在很多时候，当一个人说什么、做什么（不管是“正常”的、怪异的），其意义可能只有一个：对自己进行心理保护。

如果一个人的语言、行为很怪异、很夸张，你要高度注意了。因为，他等于把自己高调地暴露了。他的语言、行为和事实或情境不协调，因此显然是要去掩饰、逃避什么；或者，他有点不自然和夸张，肯定是要掩饰、包装什么东西！

掏出小本本把这一点记下来没有？有些话，虽然是我说的，但还是具有“一句顶一万句”的威力的。

来看电焊工是否爱他老婆。回答当然是：不。

他根本就没有爱任何人，包括他自己。他之所以对他老婆说爱，完全是说给自己听的，向自己证明，自己还是有爱心和人性的。

也就是说，在心理上，他要保护自己，要体验到行为的意义，不想承认自己就是为了去杀人。他要表明他的动机很单纯，只是想实施成为一个真正的枪手的伟大抱负而已！

很多人干坏事时，往往会这样辩解：“我只是想 ××× 而已。”

6. 有时候，所谓的“个性”，不过是我们想掩盖自己的虚弱而已

强调一下，我们用“看到一个人在玩心理保护”这个杀着来破译心理动机时，可以适用于很多情况。但是，如果你发现，某人说话、做事好像比较怪异、反常，或搞得很夸张，那就坚决用这个方法！

在生活中，我们可能会碰到一个脾气暴躁、动不动就发火的人。区区一件小屁事就让一个人这样，很夸张对不对？

那他想干什么？觉得自己很牛吗？

如果你碰到这种人，马上可以判断，他是在对自己进行心理保护。他玩出这种火气大的 Pose，其实是通过愤怒，来掩饰内心的无力和失败。由于玩

成习惯，玩成“个性”，已经成为一种他意识不到的自动反应机制了。

如果你保持淡定，注意他的眼睛，看他那张扭曲的脸，一定会发现这一点。

再来看另一种情况。

有一个女生在网上问过我一个这样的问题：“当一个人把世界看得那么透彻的时候，活着是不是很累？有时候会觉得，看得越透彻，生命越没有意义，或者越不是我们原来认为的意义，这样想是不是太危险？”

你知道她这句话到底是想说什么吗？

她不敢面对自己，想阻止自己去知道更多的真相！

我是如何知道这一点的呢？很简单，一个人累不累，和他是否看到了世界的真相在逻辑上没有关系，只是在心理上有关系。而她这句话，表现出了一种对“真相”的害怕。

那情况就清楚了：她被人伤害过，但伤害不深，知道这个世界有时候比较残酷。但因为缺乏防御能力，所以不想去知道世界的“真相”，因为世界在自己的心里面越模糊、越简单、越美好，自己似乎就越不会受到伤害，不会很“累”。为此，她甚至宁愿活在虚假和幻觉之中，不想从曾经给了她安全感的地方走出来。

7. 一个敏感的人，是一个害怕被人伤害的人

我归纳出了一些从心理保护入手去破译心理动机的简单公式。就此来结束这一章的讲述。

这些公式，在你学会了运用破译心理动机的方法时，其实也可以自己归纳的。

a. 当一个人对别人的话非常敏感，总是在怀疑别人说自己的坏话时，请相信，他害怕被别人打击。要阻止自己遭受打击，他必须“先发制人”，在心理上认定别人对自己搞鬼。

b. 当一个人看起来在语言上攻击性很强，那只能证明一件事：他觉得自己很失败，但不敢面对。因为，一个人对外的攻击，正是他的内心被破坏的结果。

c. 当一个人对谁都不信任，他的心理动机就非常清楚：被“熟人”伤害过，没有安全感。

d. 当一个人喜欢出风头，越是热闹的地方他越玩得起劲，而只要单独让他一个人静下来就受不了，答案是唯一的：他非常空虚、焦虑。

Methods

第十章 10

澄清

1. 澄清是心理上的一剂解毒药

经过前面的铺垫，我想预告一下：从这一章开始，心理分析是一门可以让你和别人区别开来的技术活了。

我想请你先想象一下这样的场景——注意，是想象，让一幅图景出现在你头脑中，无论你有没有经历过。

赶场天，在一条通往县城的乡村公路上，你坐在一辆小轿车上，呼啸而过，卷起漫天灰尘，在你的背后，是你认识或不认识的乡亲，正在被灰尘笼罩。你回头望去，看着乡亲们，心里——

我问的是，你有没有一种阴暗的快感？！

……

你绝对有！

我不是要你忏悔。但如果你看了《世界如此险恶，你要内心强大》，你一定知道，你之所以会有快感，是因为你显得高档，乡亲们显得低档，在社会价值排序上，你的位置比他们高，对他们有心理优势。而且，如果你还能听到内心的声音，你甚至还会有一种阴暗的负罪感，这种负罪感一方面让你爽，另一方面，又让你有道德压力。

看到没有？以上一番话，就是对你阴暗的快感在心理上进行澄清。

澄清的结果是什么呢？在这个场景中，你看到了这种快感的无聊之处，把它给驱散了，从屈服于社会价值排序的档次中解放出来。这是对自我的一种提升，也是心理上的一剂解毒药。

2. 头脑的混乱会让我们变得愚蠢，而心理的混乱，则会杀伤我们

什么是澄清呢？在这里，它指的是一种心理分析的态度、方法，让处于混乱中的头脑和心理恢复正常，让我们保持对自我和他人的洞察。

很清楚，头脑的混乱会让我们变得愚蠢；而心理的混乱，则会杀伤我们。我们需要澄清这个方法来帮一把。

你看到一个人发狂的时候吧？那是他头脑和心理的混乱，盲目地攫住他、

折磨他，使他达到了崩溃的临界点。

老实交代一下，澄清这个态度、方法，我是从哲学中得到启示的。

20 世纪初，西方哲学有过一个“分析哲学运动”。之所以有这个运动呢，是因为哲学几千年来，吃过太多“假命题”的苦头。这些“假命题”看起来高深莫测，让人难以回答，不好想象，甚至不可思议。而真实的情况是，它们不过是用错了语言的结果——就是说，问题本不该这样提问的！

我们来举一个非常简单也非常荒唐的例子，它出自于亚里士多德之手。

亚老师是这样说的：“一座未来雕像的形式，必定在那块木头被雕刻前就形成在它里面了，否则，后来就不会有这个形式。”

这句话让人云山雾罩的。但亚老师不管，经过“一切变化都包含在内容取得形式的过程中”的过渡，马上推出了一个普遍性命题——“形式必定是一种物质”。

看到这里，我已经晕了。

亚老师这种古代牛人，怎么会犯如此低级的错误？仔细一看，原来就是对语言的滥用和误用！

“形式”仅仅是一个描述性的概念，它对应着某个实体的存在形态，而不是实体本身，或实体的构成材料！你怎么可能当成一个实体的概念来用呢？说它存在于一块被雕刻木头的里面，就是把它当成了一个实体概念。

正是这种对语言的滥用、误用，让大家都知道，可能就亚老师不知道：一座未来雕像的形式，不过是先存在于“设计师”的头脑中而已，而不是存在于木头里面。

“澄清”在哲学上几乎是必然的。如果你发现你对某一件事情说不清楚，是否应该反思你所用的语言出了问题？

“分析哲学运动”是干什么吃的呢？回答是：它让一个哲学家在提出一个什么问题时，用语言—逻辑来澄清一下自己所说的话是什么意思，而不要装神弄鬼。

值得说一下的是，在“分析哲学运动”里，旗手既有我们前面所说的妇女之友罗素同志，也有“高帅富”维特根斯坦同学。为了避免对语言的滥用和误用，维同学就恶狠狠地说过："有些时候，必须把某个词语从语言中取出来，把它送去清洗——然后才能把它送回到交流之中。"

我们可以不去管这些哲学问题，但心理问题呢？

我先说一下，如果我们是对自己的心理进行澄清，那么，结果将会是：我们把心理问题消除了，不再受它的折磨，至少不会恶化它。

如果我们是澄清别人的心理呢？结果是：我们知道了他想做什么，他是什么人。

■ 澄清的第一种运用：分析情感、情绪、态度等的本质

3. 重复一次你对别人的态度、情感，你就固化成某种人一次

我们会骄傲、谦虚、狂妄，会爱上一个人，也会讨厌上一个人。

那么，它们的本质是什么？

我不入地狱，谁入地狱，说到澄清的第一条路径，我要老老实实地承认一下，我曾经讨厌过一个人，那就是香港明星周润发，一见到他就会本能地不爽。

回忆一下，发哥是这样开始被我讨厌的。那个时候，他在电影上扮演的多是英雄的角色，非常厉害，双手拿枪，走在明处，可以轻而易举地打死很多拿 AK47 待在暗处的歹徒，而他自己却不会被打死，嚼着口香糖得意扬扬，搞得非常地酷、非常地伟大。

那一时刻，我心中涌现的想法，就是希望他被打死。但导演当然不会满足我的心愿。于是，我一见到他就讨厌，持续了相当长的岁月。

我不讨厌英雄，但确实讨厌这类似乎想干死谁就可以干死谁，同时又得意扬扬的英雄。这种心理是怎么回事？又能说明我是个什么样的人？

让我们来澄清。

A. 第一个教程：寻找反差。

润发兄弟演得太假了，和现实、和"艺术的真实"都有反差对不对？又

不是科幻电影或动画片，有那么厉害的英雄吗?

这就暴露了我和别人的一个区别：只要能够爽，他们在内心里可以容忍，忘记虚假，而我不能。我无法接受一个虚假的光辉形象。

再进一步，我对这种夸张的英雄的反感，只是不能容忍现实中的虚假、虚伪的一种投射，尤其是，这种虚假、虚伪还和扮酷、装联系起来。

那么，你可以看到：我是一个骨子里对装有厌恶感的人。

同时，你还可以看到，我绝不是一个拿无聊、肉麻当有趣的人。比如，小时候，看香港的那些装作很搞笑的电影（不是周星星同学的，星星同学的还是很幽默、很经典的），在别人傻笑，觉得很好玩的时候，我一定会有这样的反感心理：很搞笑、很好玩吗?

如果你看这类电影、电视，和我的感觉一样，那么，你绝对也讨厌装，你是一个认真的人!

以上是对我讨厌发哥的第一步澄清，也是对我是什么人的第一步解密。

B. 第二个教程：分析情感本质。

我们接着走第二步。

当我讨厌周英雄的时候，由于他扮演的是正面的英雄角色，那我是不是在情感上站在了坏人一边?

回答是：这是一个错觉。

想一想，当一个英雄想干死谁就干死谁，并且还得意扬扬时，他和一个坏人想干死谁就干死谁，并且还得意扬扬，在Pose上有多大区别? 如果把“正义”“邪恶”这些词语拿掉，他们都是强者，要踩死弱者，不过像踩死一只蚂蚁。

于是，当我看周英雄的壮举时，看到的，并不是电影上一个英雄在消灭一群歹徒，而是像在现实中，看到了一个强者在欺负一群弱者一样。

这暴露出了什么? 我同情弱者，厌恶强者!

我同样也可以下一个判断：一个崇拜这种“英雄”的人，其实也是一个强力崇拜者，尤其是那些喜欢拿无聊、肉麻当有趣的人!

到这里，我讨厌周润发先生的心理得到澄清了：那是我讨厌虚伪，同情弱者，反感强者的一种投射。

但我不应该讨厌他们本人。而且，我这种心理，一旦澄清，其实也是对我自己的一种警示：做人，不能这样死板，也不能根据“强者—弱者”的标签来思考问题。

但还有一个问题我们没有澄清：为什么在我希望导演安排周英雄们死，导演不干，我就讨厌了周英雄们呢?

我不知道你看到没有，我玩了一招心理保护。既然导演不能满足我的愿望，让我心理受挫，我奈何不了发哥，那为了心理生存，就必须对他进行攻击。讨厌，就是一种攻击性的情绪。

我其实是利用讨厌来治疗自己的心理挫折！同时，我重复一次对他的讨厌，对我讨厌装、反感强者的“自我”，也会固化一次，即越来越成为某种人。

所以，澄清了自己的这些心理问题以后，我们就必须决定，到底该在多大程度上，继续成为某种人，或必须改变自己！

■ 澄清的第二种运用：分析言行的心理含义

4. 在一个激烈或极端的行为出现前，在心理上它往往经过了漫长的压抑

澄清的第二条路径，是理解、听懂一个人言行的心理含义，避免误解和歪曲。

我们都太容易犯这种错误：喜欢站在自己的角度去理解别人言行的含义，而不是站在别人的角度去理解他。

有一位儿子上了清华的父亲就是这样。我是在网上看到他发帖控诉自己的儿子的，他的用词很激烈，说他儿子狂妄得丧失了人性，就算上了清华又有什么用?

他说，儿子从小学一直到高三都是名列前茅，被保送上清华，就算不是保送肯定也能考上，而保送了以后呢，就一直在怨恨父母小时候管得严，找碴儿和父母吵架，甚至还和父亲动了手，大有拼命的架势。事后，扬言断绝父子关系，而且不是说着好玩，是玩真的，要找公证来脱离父子关系。用这

位父亲的话说，就是怕他们老了儿子要养他们，所以公证就是以绝后患。但是，父母强调，他们夫妻有工资、有积蓄，根本不需要儿子养老，到时候还可以去养老院，然而儿子不罢休，继续咆哮、辱骂。

这位父亲说，儿子特别蔑视他们。他就很不解，说自己在央企垄断企业（可能是电信、石油什么的），在西部三线城市工作，年薪 10 万元以上，也是 985 高校毕业的，高级职称，单位学科带头人，享受津贴；儿子他妈，则是处级科研单位的一把手。但是，在儿子眼里，他们和蠢猪差不多。无论他们说什么，儿子都表现得非常不屑。

很好。我们来澄清：这个儿子，要和父亲断绝父子关系，到底是狂妄得丧失了人性，还是别的原因。

不知你看到没有？儿子在做出断绝父子关系的行为时，有一个心理背景，那就是从小父母就管得很严。我们还可以判断，这位父亲是一个施虐狂。

在两个人稳定的关系中，如果有一天，其中的一个人对另一个人做出了一个激烈、极端的行为，那么，请相信，这个行为在发出前，一定已经在他的内心里压抑太久。比如，一个听话的女人，突然之间不听男朋友或老公的话了，那一定表明，她在心理上，已经无法让自己这么做了。

在这位同学身上，很清楚，在父母十几年的控制、打压中，他受够了！现在，他终于熬到成人了，终于上了清华了，终于可以独立地走自己的路了。

断绝父子关系，绝不是他没了人性。在心理上，它的意思只是，他要摆脱过去家庭给他带来的痛苦和阴影，就像逃离地狱一样，逃离这么一个危险之地。

再来澄清一下这位父亲的过激反应。他觉得儿子蔑视他们是不是因为上了清华？所以看起来很奇怪，都一大把年纪了，还像一个社会价值排序的低级粉丝一样说自己年薪 10 万元，又是 985 高校毕业的，而且，是和自己的儿子比！

有意思吗？

他这样说，又是什么意思？

可以看出，这位父亲在心理上，并不肯反思是自己错了，而是去和儿子玩心理竞争。很明显，在儿子面前，也就是说，在“清华”这个符号面前，他自卑了。他搬出的那些“年薪 10 万元”“高级职称”，等于招供自己就是一个市侩，一个靠地位、头衔混，而不是靠能力说话的人。

他根本不明白：儿子并不是蔑视他们没有出息，而是蔑视他们做人、教育孩子真的很失败！

■ 澄清的第三种运用：自己分析心理问题

5. 习惯于眷恋过去，往往是对现在的一种逃避

当我们不幸地有了心理问题，那一定说明：我们内心并不足够强大。

心理问题的发生逻辑正是：在具体的情境中，我们受到强烈刺激，由于在智力结构上缺乏防御，我们成了心理动物，任由心理保护驱动，因此这种刺激，构成了对心理结构的一种“创伤”。

比如，一个穷“屌丝”，由于屈服于社会价值排序，内心并不强大，当有一个“白富美”羞辱他“穷”时，那种语言、表情，直接就绕过他的智力结构，打击到了他的“自我”。为了在心理上求生，他启动了心理保护，恨“白富美”，恨一切要求男人“有房有车”的女人，发疯似地想挣钱，以此来治疗自己深深的自卑。

恨、痛苦、疯狂、自卑，就是心理问题。

当然，我们不可能没有心理问题，区别只在于是否严重而已。哲学家们一致同意，人的存在就意味着他的自我和世界的分裂，因此也就是“神经症的”。

很清楚，心理问题很不友好。它会让我们痛苦，甚至让我们变成另一个我们都觉得陌生的、可怕的人。

我想说，当我们的心理问题无法消除，一直在折磨我们，甚至更加严重时，它的罪魁祸首，就是我们没有对它进行澄清！

为什么第一时间，我们就要破译他人的心理动机、破译他的内心语言、澄清他的言行的含义？除了从博弈的角度来保护我们的利益之外，还在于要

保护我们在心理上不被伤害！

对于我们自己，同样适用。

而如果我们已经感受到了心理问题的折磨，那就更需要澄清了。

有一个受过感情创伤的大龄剩女A，爱上了一个比她小八岁的“屌丝”B。这位B兄弟还是不错的，虽然混得并不怎么样，但在A心中很优秀，处理事情比较理性、成熟，会安慰人，有些事情几乎无须A操心。A因此很爱他，认为这是她今生唯一爱过的人。

但你可能想到这一点了：他们可能吗？事实正是如此：不知什么原因，他们分开了，而且，不会再有机会。

但是，事情并没有完。A很迷茫，无法放下，在心理上过不了这道关，因此很难开心、快乐。她坚持认为，自己这辈子不可能爱上别人了，她因此一直活在对B的固恋性想象中，没有迈出去。

为了让她能够澄清一下自己的这种心理问题，早日走出来，我扮演了一个残忍的真相揭露者的角色，直接告诉她：她对B恋恋不舍，只是对类似于初恋的那种美好感情，以及B能够给她安全感的眷恋而已。而这并不意味着，她不可能再爱上别人了。也许再过一段时间，当她走出来时，就不再是这种感觉了。

像弗洛伊德老师在分析时遭遇到了患者的“阻抗”一样，当我这样说时，她的心理保护也启动了，说不赞成我的这个判断。

我说：你当然是不赞成的。

因为，另一个真相是：以自己的条件，她心里隐隐有一种感觉，就是找不到比B更好的了。她事实上恨自己的条件为什么是这样，当然，这个现实太让人痛苦、沮丧了，她不敢让自己体验到。

我不知你看到没有？她其实是渴望有一个让她满意的男人和她过的，但是害怕找不到！由于她不敢面对这一点，于是，便拿B来说事，想象成是找不到比B更好的。为了保护自己，她在心理上这样做：固守于认为B最好，认为自己不会再爱上别人。她不过是通过躲在过去，以怀旧、感伤的方式来逃避现实和未来！

而在心理上仍深陷在过去，她就会越来越把自己变成一个感伤的人，一个不敢面对现实的人，一个无法快乐的人。

但如果自己澄清了这一切后，该怎么样，已经非常清楚。

11

第十一章

破译内心语言

1. 说话的，并不仅仅是嘴巴

说话的，并不仅仅是嘴巴。一个人的眼睛、动作、姿态、表情、心理，也在说话。

而嘴巴里说的话，可能是真的，也可能不是真的。它也许是十足的谎言，也许是对内心的真话、真正想说的话的一种包装、暗示。关键是，我们能否听懂?

似乎什么都可能骗人，但唯一不能骗人的，是一个人的内心语言。

所以，我们的心理分析，必须掌握这个技术活：通过一个人所说的话，他在具体情境里的眼睛、表情、姿态、动作等，把他的内心语言给翻译出来!

强调一下，这个“人”，也包括我们自己，即自我分析，我们不应拒绝倾听自己内心的声音。

2. 有很多话，是不能直接说出口的，需要我们去听懂

先来看一下最简单的情况。

假设你向一个所谓的朋友借钱，他面露难色，说：“我手上没多少钱，家里还急需用点。你看? ”你应该知道他的内心语言吧?

我代劳翻译一下。他的内心语言是：“不好意思，我不想把钱借给你，为了不得罪你，也让大家表面上都有点面子，我扯了一个谎。你应该知道我的意思，不必再说了。”

有很多话，是不能直接说出口的，需要我们去听懂。

但我们更要听懂的，不止这类弦外之音。

在这里我要先强调一下，破译内心的语言，准确地说不是一个和破译心理动机，以及澄清并列的心理分析路径，而是一种技术要求。

就是说，从内容而言，我们要翻译的“内心语言”，既可以是一个人的心理动机，也可以是他所说的话、所玩动作的心理含义，可以是他的心理倾向，可以是他的性格表现，也可以是他的情绪、情感，等等。我们只是代替一个人把他内心里真正说的，以及想说的话，给形象地表达出来，以便可以听懂他。

3. 当我们失去了一个人的爱后，往往想从其他人那儿得到补偿

破译内心语言，我们可以根据不同的情况，采取以下几个思路。

A	先破译心理动机，然后把它翻译成内心语言
B	先澄清语言、行为的心理含义，然后把它翻译成内心语言
C	同时下手，再翻译成内心语言
D	考虑他的心理结构，看性格、心理倾向是否被激活，然后再翻译成内心语言
E	澄清情感、情绪等的本质，然后翻译成内心语言
F	把一个人的眼神、姿态、表情等传递的信息，翻译成内心语言

下面这个故事，适用于情况 B。

有一个正在上大二的女孩，以前很听话，但是，自从她爸爸出了意外不在了以后，遭受了很大打击，整个人全变了。

她的表现是：觉得整个世界上的人都欠了她一样，好吃懒做。没钱了，就向她妈妈要，还和她妈妈打架，用非常难听的话骂她妈妈。

她妈妈非常苦恼，觉得这孩子有心理疾病，想和她交流，但这个女孩并不给她妈妈机会，不讲道理，一见到她妈妈就骂。而且，一见到亲戚朋友就要钱。

正好，她妈妈认识我的一个读者，这位读者就问我，这女孩是不是变成了攻击型的性格，该怎么办？

我告诉她，这不是攻击型性格的表现，而是遭受巨大打击后的心理后果。如果有人要说她有了精神病，那么我会说，他才是精神病！

如果我们澄清一下她的语言、行为的心理含义，真相就出来了。

第一，她是以自暴自弃、向世界撒泼等发泄的形式，来减轻自己的痛苦，

这是在自我疗伤——如果你还不明白，那么请问，你有没有看见过，当一个人受到巨大的刺激或打击时，会发狂地叫喊奔跑？第二，她从亲人那儿要钱，和妈妈吵架，是以疯狂的形式来从其他亲人那儿索取因为永远失去了父亲而已经失去了的爱，她需要从其他亲人那儿得到补偿。

当我们失去了一个人的爱后，往往想从其他人那儿得到补偿！

好，现在把她的内心语言翻译一下就是："我太痛苦了，我快疯了，快来爱我！"

听懂了她的这个内心语言就好办了。我出的主意是：亲人不要骂她，不要责难她，也不要乱给她钱。最好的办法，是妈妈待在一边，看着她发泄，等她发泄完了以后，抱着她好好哭一下，让她哭出来，大哭。

很清楚，她知道自己在做什么，但心理上控制不了自己。而一场大哭，通过情绪的释放，说不定会改变她。

4. 一个人没人性，首先是一个家庭教育问题，父母和子女的关系问题，然后是一个心理问题，最后才可能是一个道德问题

如果我们和一个人打交道，同时又要快速地破译他的内心语言的话，那么，一个技术性的要求是：我们必须冷静。如果不冷静，我们就听不到他说什么了。

有一个新闻故事给我留下了深刻的印象。从这个新闻故事里，我提炼出了一个原则：无论我们想对一个人干什么，必须先搞懂他！

故事是这样的：一位在广州的外来民工子弟，有十五六岁，平时喜欢去网吧打游戏，学习也不认真，经常逃学。他妈一直对他很好，溺爱。后来，他妈得了肝癌，躺在医院。他并不去看望，就像没事一样。

他父亲和记者费尽周折，最后在一间网吧里找到了他，并把他带回了出租屋。

记者问他："你妈妈现在病得那么厉害，你怎么不去医院看呢？"他说："不想去。"记者又问："你妈妈如果这样死了，你不伤心吗？"回答："不

伤心，总会有这么一天的嘛。”说的时候，他阴笑了一下。

看到这里，我相信已经有很多人在谴责这个男孩简直没有人性了。是的，从道德上说，我们可以这样干。

但是，还是先来做这件事情更好些：尝试去理解他为什么会这样没有人性，他的内心里，到底在说什么？

我们可以听到，当父母溺爱他时，他内心里会有这种声音：“你们拿钱给我去网吧玩游戏，这是应该的，因为你们欠我的。”

溺爱，培育了他的自私。他在心理上预设，父母应该对他好，如果做不到，就是对不起他，他有理由恨父母。

所以，母亲得肝癌，在他眼中本身就是一个过错。

对这一“过错”，他会有这样的两种心理反应：恨母亲得肝癌，心理上要报复母亲；母亲得肝癌会让自己难受，为了进行心理保护，不让自己体验到难受，就要让自己显得狠一些、没有人性一些。

所以，当他说出“不想去”“不伤心，总会有这么一天的嘛”这些话的时候，已经快接近于内心语言的表白了。如果我们再帮他把它们表达得更清楚一点，那就是“你为什么要得肝癌？故意得肝癌让我没有钱去玩是吗，让我看着你得肝癌难受是吗，所以我为什么要去看你，为什么要伤心？我恨你，你去死啊！”

看到了吗？有时候，一个人没人性，首先是一个家庭教育问题，父母和子女的关系问题，然后是一个心理问题，最后才可能是一个道德问题！

5. 当过去成为一个人的噩梦时，要紧的是给他一个新的生活方式，和过去隔离开

我们所说的话，既可能是说给别人听的，也可能是说给自己听的。所以，破译内心语言，也包括从一个人的言行中，看他对自己说了些什么。

而如果我们知道，在一个人身上曾经发生过什么，大概也能知道，他会对别人和自己说些什么。

有一个女士联系到了我。她有一个闺蜜，和父亲相处得非常糟糕，希望

我能出出主意。

情况是这样的。

她朋友的父亲A，原来是某县城建局的局长，为人比较正直，退休以后，被无辜地卷入政治斗争，成为牺牲品入狱。家人四处奔走，费了很大的劲，也花了不少钱，才把他救出来。

而自从出了这件事以后，A心态大变，总觉得全世界都亏欠他一个清白，对家人漠不关心，态度粗暴，一心想着平反（但现实是几乎不可能）。

由于家人从救他这件事情中，也受过很大伤害，因此，在苦不堪言之际，也怪他自私，不懂得体谅家人，儿女甚至建议母亲和他离婚。

我请这位女士再补充一下A的个人爱好，现在做什么。

由此，继续有了这样的信息。

A平时的表现就是：不停地说历史，不停地看各种关于解放战争、抗战的电视电影，尤其是《亮剑》，对李云龙非常欣赏。他也不停地抨击腐败。

另外，A书法写得好，当一门艺术来做，他也能作词、写诗。

好，我们可以知道A内心里，对自己和别人说的是什么了。

第一个问题：A很自私，不懂得体谅家人的痛苦吗？

回答是：没有。出狱后，他完全陷在了“正直的人被迫害”的心理情境里走不出来，眼中没有家人，只有自己和迫害他的那些人。当他发狂时，内心语言是：“我太痛苦了，我这是在反击他们，是在自我治疗！作为我的家人，你们应该体谅我，不要来惹我！”

家人听不懂他的内心语言是可以理解的，毕竟，他们也受过伤害，也没好心情。他们的内心语言是这样的：“我们都为救你出来付出那么多了，你还这样对我们，为什么就不想想我们也很痛苦？”

然而，在这类事情中，注定是家人要多付出一些，这是没有办法的事情。如果家人被自己的心理背景所影响，去埋怨他、干涉他，后果只能是进一步刺激他。这个时候，他的内心语言是“连你们都要来惹我”，于是，把情绪转移到了家人身上，发泄出来。

女士问我：那就任由他发泄吗？

我说，不错。而且，可以在一边默默地看着他，比如给他倒一杯水等，构成对他骂那些迫害他的人的情感支持，把他当成一个受了冤屈的丈夫、父亲来对待。

第二个问题：一段时间后，他停止发泄了，每天就是看电视，对家人不发一言。这意味着什么？女士问我，这是不是对家人的一种失望？

我的回答是：没有。看电视，有三方面的原因：通过发泄的自我治疗，他已经累了；企图逃避现实，和现实隔绝，以免再受那些他被迫害的情境的刺激，在心理上保护自己；通过看电视，幻想自己是一个被小人迫害的人，有英雄受难的感觉，同时电视里坏人最后被惩罚的情境，又给他莫大的快感，他这是把现实投射到了电视上，通过电视来进行自我治疗。

他的内心语言是：“我已经快平复下来了，你看，我都不发泄了，躲进电视这个情境来疗伤了。”

家人该做什么呢？让他静静地看，偶尔可以坐在一边陪着，不说话。

第三个问题：又一段时间后，他已经出去走走了，早晚都锻炼。这说明了什么？

他的内心语言是：“我的疗伤已经有一定效果，快走出心理阴影了，你看，我已经走出去锻炼了不是？”

第四个问题：让A真正走出心理阴影，过上正常生活，家人该怎么办？

我们来倾听A在内心里对自己和家人说了什么：“是的，我慢慢可以忘记那件事情对我的伤害，但是，鉴于过去我当过局长，我总要寻找到能够证明我过得很有价值的生活方式啊，只是出去走走，会让我感觉我没用。就是说，要有什么东西，能够代替我过去的觉得有价值的生活，让我能够忘记过去。而我爱好书法，喜欢作词写诗是不是？这也能够证明我生活的价值。”

家人要做的，就是让他从一个曾经的城建局局长、一个被人无辜陷害的人，变成一个陶醉在书法和诗词中的老人。

当过去成为一个人的噩梦时，要紧的是给他一个新的生活方式，和过去隔离开。

我分析和出完主意后，女士打电话告诉了她的闺蜜，并反馈给我，A的女儿非常后悔，以前总觉得父亲心理畸形；同时，她回忆起了那一幕，当自己写毛笔字时，父亲坐在旁边默默地看着，看得入迷。

那一刻，我的冷静瞬间崩溃，也差点流泪。

12

第十二章

语言—心理分析

1. 混乱的语言是心理秘密的外露

我们的心理分析有这样一个两手准备。

如果一个人说话滴水不漏——就是说，不含混，很有逻辑，没有破绽，那么，他的话，就没有携带心理的内容。从他的话中，无法直接破译他的内心，而需要运用到我们前面所讲的“心理背景—情境”这样的公式。

但如果一个人说的话很混乱，前后矛盾，有逻辑错误呢？

我想说，那我们心理分析的一个杀着，即语言—心理分析就派上用场了。因为，语言的混乱就是思维的混乱，而思维的混乱就是心理的紊乱，其语言乃是心理秘密的外露。

小平同志说，两手抓，两手都要硬。

2. 理解一个人所说的话，不仅仅包括话的意思，也包括他心里面的意思

语言—心理分析是很厉害的，但一个人得培养对语言的敏感，不要太迟钝了，半天都没反应过来。

我想请问一下：如果我慷慨激昂地（其实也挺装的）对你说“真理往往站在少数人一边”，你会不会觉得我说得有道理？

注意，我是在对你玩一个语言敏感度的测试。我最想看到的结果是：你马上宣布我这句话是屁话，因为它没有任何信息！

真理往往站在少数人一边吗？杀人放火的人渣们是不是少数，真理会眷顾他们？

为什么说这是一句屁话呢？因为它抽离了语境。

就是说，单独地说这句话一点意义都没有，它背后，必须有一个事件，而这句话，正是从这个事件逻辑地引发出来的。

这个事件可能是：我坚持认为 1+1=2，但有几个人坚持认为 1+1=3。按游戏规则，必须大家投票决定对错。于是，投票的结果说我是错误的；再于是，我对你慷慨激昂地发表“真理往往站在少数人一边”的一句话演讲。

如果没有这个事件作为背景呢？那么，我这句话，在语义上是没有信息

的屁话，但它具有了心理上的意义，那就是代表我的感慨。

大家记住，当你听到一些莫名其妙或无法理解的话时，往往说话人是在自言自语，但是，他或者要靠说给你听来装，或者，是靠说给你听来发泄一下。他的注意力放在自己的心理背景上，不是在话上，更不是在你身上。

理解一个人所说的话，不仅仅包括话的意思，也包括他心里面的意思。有时候，甚至仅仅是心里面的意思。

3. 当一个人说出某种话时，既是他的心理在说，也是他本人在说

在很多年前，我就对语言和心理的关系产生了极大兴趣。

那个时候，根据和别人打交道的经验，我发现，一个人说话的词语和方式，往往暴露出他的文化水平、价值观、素养。但是，那只是经验归纳，我不知道这里面的奥秘何在。

在后来漫长的日子里，这一粗陋的发现凤凰涅槃了。根据语言哲学和精神分析的原理，我创造出了一套独特的语言心理分析方法，既可以分析心理，也可以在信息不多的时候，大致判断一个人是什么人。

因为，当一个人说出某种话时，既是他的心理在说，也是他本人在说！

好东西值得分享。下面，我就把它分享一下。

我分别从一个人说话时的以下几个方面来进行考察。

A	**所使用的词**	粗俗的？通俗的？高深的？
B	**话语方式**	怎么表达的?
C	**对语言指涉对象的理解程度**	描述、分析、洞察能力如何?
D	**和对话者互动的方式**	能有效回应别人还是只顾自己说得痛快?
E	**说话时借助辅助表达手段的程度**	玩手势、表情等是否夸张？

看起来很学术，因此不太亲民是不是？我只能说，抱歉，这些要点，实在只能用这些挺吓人的概念来表达。

但别紧张，它们不是我们掌握语言—心理分析方法的障碍，而恰恰是我们走进语言、心理分析的入口。原理、方法其实都很简单。

4. 只要一个人还记得他是谁，他的话就一定会透露出这一点

就词语来说，一个人说话时，尽管可以“见人说人话，见鬼说鬼话”，比如一个教授，在通俗甚至粗俗程度上完全可以和人民群众打成一片，但你放心，他一定会自我暴露，某些已经在他的那个文化层次、交往圈子形成习惯，代表他的身份认同的词语一定会蹦出来。你要做的，只是保持敏感！

为什么一个教授，会憋不住地蹦出一两个学术性的词语？回答是：这些词语，在心理上是他确认自我身份、自我价值的一种方式，无论他如何装，骨子里是希望自己牢记自己是教授的，也希望别人记住这一点！

如果你还不明白，请想一下，在电视剧中，我党要派一位革命同志，冒充某位国民党特务打入国民党内部，为什么从一开始就要忘记自己姓甚名谁？为什么在台湾、香港的电视剧中，某位“屌丝”要扮演富二代，必须忘记自己是谁，而只记得自己“是”富二代？这是因为，只要你还记得你是谁，你总有机会通过语言，表现出属于你的东西，而这恰恰会出卖你！

如果我党打入国民党反动派的地下工作者，在敌人面前一不小心蹦出一句“党”“毛主席”之类的话，你替他想一想，如果国民党不是一帮傻子，后果是什么？

正因为某些词语、某些话，容易让人联想到某些社会身份，所以，也有人浑水摸鱼，用来行骗或装。如何揭穿这些行骗或装，我在《世界如此险恶，你要内心强大》里已经讲过，如果你看过，应该记得的。

5. 一个人和世界是什么样的关系，基本上就会以什么样的方式对世界说话

话语方式也会暴露一个人吗？当然！

在前面，我们分析了人在心理上和世界的关系。请记住，当我们开口说话时，我们是在向世界重演一道在心理上和它的关系，你和世界是什么样的关系，基本上就会以什么样的方式对世界说话！

你可能会问我：在正常情况下，如果一个人说话很急促、很简短，他在心理上和世界是什么关系？又是什么心理？

嗯，很好的问题。

我恭恭敬敬地回答：他在心理上，和世界打交道时，往往缺少智力结构的“中介”，就是说，智力结构没有把他的心理结构和世界隔开，缓冲一下，从而保护他，让他在看起来很强大、很复杂的世界面前保持心理优势，淡定一下。

这样的人，当然很少会用构成描述、观察、解释世界的一套话语和思维方式与世界打交道，比如，可以肯定他不是科学工作者、不是公知（公共知识分子）、不是教师。

在心理上，说话很急促、很简短，正表明他有一种不能把控世界的焦虑。急促，是基于心理保护而在世界淹没自己前赶快主动出击；而简短，代表了他企图把世界简单化以更好地理解它、把握它的内心渴望。

江苏卫视的《非诚勿扰》节目曾经有位女嘉宾，说话的方式非常嗲、非常慢，有当众撒娇的意思，但表达清晰，有时候甚至很敏锐。

像她这种话语方式，什么意思？不懂心理分析的人，像我们的主持人孟非同志一样，自然会用一句“妩媚”之类的废话打发过去。有的人，或许会反感她的撒娇，但也无法洞察她这种“撒娇”是什么意思。

其实就两点：一、撒娇，是无意识地体现自己作为女人的魅力，并且是消除外界进攻风险的一种策略，你要对一个撒娇的人进攻，有道德压力吧？二、她说话很慢，在心理上的意思，其实就是：“一切都在我的把控之中。”

慢慢说话，乃是在心理上，对世界的一种从容应对！

如果你还不明白，那么，请想一下：为什么我们的一些领导同志说话都很慢，而且是官越大，越是这样！

我当然不是暗示，你以后和人说话要向官员同志们学习，要说得很慢。你得衡量自己的身份，在什么样的场合，别人对你有无期待，再来决定选择何种话语方式。就是说，我虽然不提倡，但也不鄙视你把用什么方式说话理解成一种装事业。

领导说话慢，可以形成控制局势的气场。因为在慢慢表达时，由于他是那场戏的主角，看他表演的观众，无论是官场中的演员，还是群众演员，那一时间注意力都会集中到他身上——然而，他又不痛快地一句话说完，这就导致观众有一种头脑上的悬空感和希望他赶快说完的焦灼感。

这样一来，那就非常方便领导在说话的同时，把注意力也集中到观众身上，在心理上监视、威慑、控制他们了。这就是领导说话的艺术！

但我们要搞清楚，领导说话慢之所以能够达到这个效果，是因为在权力的压力和利害关系下，演员们在心理上已经预设了对他说什么要有期待，不能不耐烦。

但如果你在求职、面试、和领导说话等场合也这样玩，那结果只有一个，就是找死。因为除非一个人是受虐狂，否则没人会说服自己，要有让你折磨的耐心，要让你占据心理优势！

6. 一个比较自我的人，总会迫不及待地认为自己是对的

我们继续看一个人对一件事情进行描述、分析、洞察的程度，是如何和他的心理、他是什么人扯上关系的。

有人这样问我：

“为什么生活在同样的环境，受同样的教育，有同样的父母，教出来的两兄弟性格不一样？性格是不是跟天生有关系？”

这段话有问题吗？我估计你会回答：没有。这个人的困惑，应该也是很

多人的困惑。

然而真有问题，而且问题很大：这个问题是不成立的！

为什么？因为它出现了一个逻辑的断裂。

看到没有？从“为什么生活在同样的环境，受同样的教育，有同样的父母，教出来的两兄弟性格不一样？”到“性格是不是跟天生有关系？”还有很长的路要走，但他非常快就得出结论了。就相当于，他要从这里到那里，中间有一座逻辑断裂的峡谷，并没有吊桥什么的，但他违反人类的生理规律，搞得自己像是神仙一样，一步跨过。

他的推理是这样的：如果说性格是后天的，那么，生活在同样的环境，受同样的教育，有同样父母的两兄弟，性格应该是一样的，但事实是，他们不一样。所以，性格应该有先天因素。

这个推理是不成立的，因为，两兄弟生活在同样的环境，受同样的教育，有同样的父母，这些“同样”，从概念上说，最多只能说是“大致相同”，而不是在逻辑上等值的“同样”，比如，在他们所生活的那个环境里，两兄弟不可能一天24小时接触到的都是同样的人，说同样的话，做同样的事，对某件事做出同样的反应，而只要有差异和不同，就可能会影响到他们形成不同的性格。

从中可以看出他是什么人呢？很清楚：一个比较自我的人，只要看上去有什么支持他的看法，他就会迫不及待地认为自己是对的。

我想提请注意这一点：当我们认真地想说一件东西的时候，是有这样一个抱负的，即想把它说清楚、说深刻，因为这样才能在心理上把握它。

如果在我们用语言表达时，无法说清楚、说深刻这个东西，以至于它在我们眼中是混沌的、模糊的，那结果一定是：我们有焦虑，因为我们面对的，是一个陌生和不确定的东西！

为什么当一个人表达不清楚某件事情，他会很着急呢？合理的解释是：他被焦虑攫住了。

好，我们可以做出以下的一系列判断了。

如果一个人说话很幼稚、浅薄	请相信，他骨子里期待有人能够帮自己搞定很多事情，如果是女的，那就更明显
如果一个人说话含混不清	下这个结论吧！——他在心理上并不自信
如果一个人说话没有逻辑，但言之凿凿	不要妄想去说服他了，因为这是一个对自己装已经非常成功的人
如果一个人说话非常有条理	不用犹豫，这是一个具有某种控制欲的人

7. 当一个人对你说话时，要么有利益上的期待，要么有评价上的期待，要么有态度上的期待

你可能要问：一个人和对话者互动的方式到底能说明什么问题？

我们先记住这一点：当 A 对 B 说话时，要么有利益上的期待，要么有评价上的期待，要么有态度上的期待。

另外，从情境的要求上看，A 和 B 不能是自言自语。

也就是说，A、B 两位所说的每一句话，应该和别人的话具有逻辑关系，应该是别人的话逻辑地引发的，或和别人的话有某种交集。

如果不符合这两点呢？那就非常抱歉，它把一个人给暴露了。

因为那些话不可能是从天上掉下来的，而只能是从一个人的心理结构里蹦出来，那么，它就说明了：一个人对别人在心理上是什么态度，他的心理背景如何。

想一想，如果你在晚饭后散步，看到一个熟人，你问他“吃饭了吗”，他的回答是“散步啊”，你心里面一定有不被尊重的感觉。

如果他不是一个神经病或智障，那一定说明，他在心理上根本不拿你当回事。因为他在心理上，根本不屑于“听”到你在对他说什么，自然谈不上和你的话有逻辑关系。

一个人和别人说话的方式，完全可以透露出这些信息：他对别人是应付、不屑于理睬、装作重视，还是真的很重视？一个对语言敏感的人，马上可以判断出这一点。

还可以看出更多东西。

比如，一个人如果在和别人说话时，无论是讨论某个问题，还是闲聊，只是一个劲地在那儿说，滔滔不绝，不理会别人所提出的问题，也不考虑别人的感受，那就很遗憾，他等于告诉别人：“我是一个被不如意甚至失败感折磨的人。你看，你的出现，让我终于找到了一个补偿自己、证明我懂得很多东西的机会，所以，我怎么可能错过呢？你就成全我吧！”

8. 一个人说话时的姿势很夸张，说明他非常在意别人的反应

最后一个问题：一个人说话时，借助辅助表达手段达到什么程度也有心理上的玄机吗？

表面看起来是一个伪问题。因为，其一，我们人类，几乎没有人说话时不玩一下表情、手势的；其二，西方人说话时，玩表情和手势都很夸张，但这好像更多的是与文化传统、社会习惯有关，而非与一个人的性格、人格、心理背景有关。

但假如我们仅仅在一个文化—社会共同体里来说事，就是只考察中国人，那么，还是有用的。

一个人说话时，使劲地挥舞手势、表情夸张，意味着他不仅以语言、而且以全部身心投入，即自己暴露在了他人和世界面前。最典型的就是一个演讲者。

那么，如果真是这样，至少可以说明两个意思：一、城府不那么深，在心理上，不会刻意阻止自己暴露在这个世界面前，因此比较投入；与之相反，城府较深的人，说话时只是用语言去和别人交流，不会慷慨激昂，不会玩弄过多夸张的手势、表情，在和他人、世界打交道时，基于心理保护，他不会让自己暴露，而是要隐藏自己，以在心理上随时控制局势。

第二个意思，是否借助夸张的手势、表情来表达，还反映出一个人是否具有这种焦虑：“我能够把一件事情说得准确、形象生动，让别人同意、佩服我吗？”如果玩得夸张，说明他在说话时，非常在意别人的反应。而之所

以如此，是因为他在和别人说话时，没有利益上的期待，但有一个评价上的期待。与之相反，那些不这样玩的人，和你说话如果不是基于人际关系上的应付，往往有利益上的盘算！

9. 在这个世界上，有人总是想朝别人吐口水，但情况往往是，他吐出去的口水，弹回了自己的嘴巴上

对语言和心理的关系有一些理论上的了解后，我们来考察一些现象。

我曾经在微博上看到一位知名人士这样评价微博：

“有一位‘脖友’说过，微博 140 字很难说清楚事儿。微博是一个适合发布谣言，不适合辟谣的地方；是一个适合插科打诨，不适合理性分析的地方；是一个适合发表结论，不适合展示论证的地方；是一个适合发表感悟，不适合展示思辨的地方；是一个适合冲动骂战，不适合深入探讨的地方。现在这种感觉越发强烈。”

这段微博发表之后，下面立马有一位网民提出“建议”：

“那您可以撤退了。”

啧啧，多么有礼貌的义正词严啊，这是在捍卫微博的伟大意义有没有？

但实在不好意思，这样的人，在现实生活中不过是一块被人忽悠的材料。

搞清楚了，当那位知名人士说微博有这样那样的缺陷时，并不是说他就不想玩了。因为，逻辑上有几条道路可以选择，比如发发牢骚但忍受它、尽力改善它、离开它。怎么就只从别人的牢骚中，咬住“离开它”的可能性，叫别人撤退呢？

如果这位网民可以这样玩，那么，他根本就不能对和自己有关的东西有任何批评——比如，他绝对不能说这个社会一句坏话，如果说了，那就滚吧，滚得越远越好。

在这个世界上，有人总是想朝别人吐口水，但情况往往是，他吐出去的口水，弹回了自己的嘴巴上。

事实是，“那您可以撤退了”这句看起来是要打击别人的话，只不过是

这位网民对自己是个什么样的人，具有什么心理的一种主动招供。我把他的供词照录如下：

“我是一个自以为有正义感、自我感觉良好的人。我和很多人一样，在这个社会中有被迫害感。然而我实际上是一个心理动物，缺乏理解他人的意愿和能力。骨子里，我有攻击别人的欲望。

“所以真相是，我的所谓正义感，只是在攻击别人时能占据道德制高点的一个借口；我的自我感觉良好，也只是为了在攻击别人时预先在心理上保护自己，确认自己站在真理一边。

“我这种人实际上一直在找机会攻击别人。很多不正义事情的出现，比如哪儿的城管又打人了，对于我来说，其意义只是为了满足我的攻击欲望，能让我有机会骂一下。摊贩也只是我能够骂人的道具，从骨子里，我才不管他们到底是什么命运呢。你信不信我如果是城管，下手会更狠？

“因为我只是想发泄，以心理欲望来回应这个世界，所以我才不管一个人说的话是什么意思，只要这个话看上去有把柄就可以。那么，你说，当大家玩微博玩得很兴奋，而那位名人偏要说微博的坏话，我还等什么呢？当然啦，我不会让自己体验到自己就是一个骂人的网络混混，对自己装了一下，包装了一下语言，而不是直接问候他的家人。”

10. 我们无法想象的一件事情是，一个人会违反他不能违反的心理规律

下面，进入实际的技术分析了。

来看一个真实的故事。

事件的第一个过程是这样的：在一个社区的便民服务大厅里，发生了一个爆炸案。这个爆炸事件的结果是死了几个人，伤了十几个。然后，官方就说，其中已经死了的一个人Z是嫌疑人，他性情孤僻，言行极端，悲观厌世——就是说，他在便民服务大厅里玩“自杀性袭击”，其心理动机是为了“报复社会”。

当时我就笑了。

我用心理分析、性格分析证明，或者这个爆炸案不是Z干的，或者是他

干的，但他的动机绝对不是“报复社会”，因为实在无法想象一个人会违反他的心理规律。

“报复社会”的人，性格基本上属于我在《世界如此险恶，你要内心强大》里所说的“自卑型性格”，自卑、自尊心强、猥琐、心理阴暗、屈服于社会价值排序、懦弱。郑民生、艾绪强就是这类人。

但杨佳同学、马加爵同学就不是，他们报复的，是特定的抽象人群或和自己有某种心理关系的人，这个不叫报复社会。

郑民生类的失败者遭受过 N 多人的鄙视、打击，只要境况没有改变，在心理上会仇视整个社会，一旦有某一件事情刺激，就会化为行动。而无论他们“报复”到了谁，哪怕是三岁小孩，在心理上，都是报复到了“社会”，因为在他们心理上，三岁小孩也是鄙视、欺侮他们的“社会”的一部分。

一个恐怖分子在玩自杀性袭击时，他想象着有真主在看他。同样，一个报复社会的人，也想象自己和他人在看他。但是，不同的是，他报复社会时，追求的是发泄耻辱感和报复的快感，对于这个社会，他获得了巨大的心理优势，因为他不再是被人鄙视、欺侮的失败者，而是一个可以伤害社会，并且在心理上相对于社会获得了心理优势的人。他在报复时，心理上实际上希望有无数目光看他，并蔑视这无数目光。

所以，我们有第一个判断：当一个人要“报复社会”时，他选择的行凶地点，一般是在室外；所选择的对象，也是容易下手的。

如果选择的是室内，就构成了一种在封闭空间里作案的情境，他看上去就不是在报复社会而是在作案了。但他在心理上不可能让自己体验到是在作案，而是在报复社会。同时，这样做，他也体验不到力量感，无法获得蔑视想象中无数看他的目光的心理效果。

而如果选择的对象不是容易下手的，他将无法克服自己的懦弱，也无法获取心理优势。

第二个判断：一个想要报复社会的失败者，无论他一开始想不想死，在心理上，是不可能选择和他报复的对象在某一个瞬间同归于尽的。

原因就在于：报复社会是他发泄耻辱感的手段，并且是他获取可以蔑视

那些鄙视、欺侮他的抽象人群的心理优势的一种方式，他在心理上并不像恐怖分子那样完全投身进去，而是要做给别人看。

报复社会，和自己想死，然后拖几个人垫背，完全是两个概念！

这一点，决定了他在报复社会时，一定要先满足耻辱感的发泄和蔑视抽象人群的快感。就是说，他在杀人时，绝不能让自己同时也跟着死。他所选择的报复方式，无论是什么，不可能是“自杀性袭击”。

11. 很多狠话，它的功能，可能只是一个人的“语言疗法”

事情还没有完，很快有了第二个过程，为回应人民群众的质疑，官方公布了Z“报复社会”的证据：QQ聊天记录，以及日记等有关证据和材料等。

这个，终于可以让我们的语言—心理分析派上用场了。当时我一看，就绝对肯定，这些证据根本就不成立！

抄一下这些证据。

证据1：QQ聊天记录

a. “社会之残酷越来越让我要暴乱了。我不知道在我实在混不开的时候会有多少人死于我的手下。”

b. “我啊，本来是好心人，可是，社会教我不要做好心人，如果有一天我觉得什么都没意义时，那些人又会好过吗？”

证据2：QQ空间

a. “从九岁到现在，老子和那些杂种打了几百次架……老子现在什么都没有了。只有健康的体魄，难道这些杂种只知道社会有钱什么都能办，难道你不知道我不好过，你的后果会怎样吗？”

b. “我坚信，要在沉默中爆发，这世界缺少某些人照样要转……难道只有自己有难题，别人都是一帆风顺吗？社会啊社会，为什么安排那么多天才啊。”

这些话都很暴力是不是？我不纠缠于其他细节，而且，只挑Z所说过的话中最狠的，即最能证明官方所说的Z是“报复社会”的那些话，看是不是真的如此。

QQ 聊天记录里最狠的话是：

“社会之残酷越来越让我要暴乱了。我不知道在我实在混不开的时候会有多少人死于我的手下。”

看到没有？确实看上去对社会充满杀气。

但它是聊天记录里的，这意味着，Z 是在和他人 QQ 对话时说这句话的。那么，既然是对话，显然除了这句话，Z 还有其他的话。从语言分析上来说，这句话是嵌在他和另一个人对话的语言链里的，其含义受制于具体的语境，不能把它从语境中抽离出来单独理解。

好，我们也可以不管这一点，就只看这句话。

从对话的角度上说，当 Z 在 QQ 里对另一个人这样说时，显然预设了这个人值得信任。从这句话本身的表达、含义来说，可以排除他是对一个陌生人所说。因为对一个陌生人说，两人没有心理上的联系，在心理上毫无意义，无法获得这种心理效果，那就是表明自己也有种，或想得到倾听、安慰。

而从语言和心理的关系来说，我想请大家注意，当一个人说要“报复社会”，放出狠话要干一件惊天大案，要让多少人死于他的手下时，他的“倾听对象”，绝对不是他的亲人、朋友等值得信任的人，而是他骨子里认为平时就打击过他，或想嘲笑、鄙视他的人。无论他最终是否“报复社会”，这句话本身，就具有了报复的心理效果，因为它让一个人在心理上瞬间对社会处于进攻姿态和威胁的角色，具有了心理优势，发泄了耻辱。

而如果他是对亲人、朋友说的，我们可以绝对断定，他虽然有报复社会的冲动，但骨子里，其实是想找一个理由，阻止自己去这样干。

真相是：他所说的这句话的心理意义，并非是向别人表明自己具有报复社会的想法和决心（因为他在亲人、朋友面前说这些话，如果是要玩真的，他在心理上就会体验到自己不是一个好人，不负责任，会有道德压力），而是把以往所遭受的耻辱、挫败，尽情发泄，向别人倾诉，以得到别人的安慰和劝解。这样一来，他可以说出任何狠话，因为他体验到自己并不真的去做，所以说出来不会有道德压力。

在这类情境中，任何一个在生活中受到鸟气、遭到挫败的人都可能说出狠话，而且越狠越爽，但他并不会去干。这就是很多人在生活中都说过很多狠话，但也没见他变成一个暴徒的原因。

也就是说，Z所说的这句狠话，其实只是一种对自己的挫败的“语言疗法”！

我们接着看QQ空间里的日志，我同样也是挑Z说得最狠的。

“从九岁到现在，老子和那些杂种打了几百次架……老子现在什么都没有了。只有健康的体魄，难道这些杂种只知道社会有钱什么都能办，难道你不知道我不好过，你的后果会怎样吗？”

这段话看起来，同样杀气腾腾。

但很遗憾，这段话同样是从一个语境里抽出来的，并不完整。

完整的段落是：

“大家看日记别说我无礼，我所骂的都是那些流氓。我操他妈，老子也走过二十几年，不是老子没有奋斗。回忆起来，老子一直都被那些流氓欺负，从九岁到现在，老子和那些杂种打了几百次架，老子韧性很强，可是这些流氓为了不让我超过他，竟然用这卑鄙的手段来欺负我、打我，老子现在什么都没有了，只有健康的体魄。难道这些杂种只知道社会有钱什么都能办，难道你不知道我不好过，你的后果会怎样吗？我告诉流氓们，不要嫉妒别人，人急了是不顾后果的。”

看到没有？Z在一开始，就说请大家看日记别说他无礼，这是什么意思？

从语言和心理的关系来说，他来这一句开场白，暴露的就是：在以前，他一直把自己体验为是一个好人，而且在说这段话时，仍然把自己体验为一个善良、老实、有素质的人，害怕别人认为他是一个素质低下、充满暴力思想的人。他在骨子里就瞧不起这种人，在心理上，也要阻止自己去这么做。

他说那些欺负他的人是“流氓”，从语言上也反面印证了这种心理。

这意味着，在心理上，虽然存在着会让“流氓”死于他手下的可能，但已经绝对排除了他会让无辜者也“死于手下”的可能。

同样，从语言和心理的关系上，这些话也只是具有“疗伤”的功能，他并不是在表明自己要让多少人“死于手下”的决心！

事后证明，Z根本就不是什么玩“自杀性袭击”，要“报复社会”的嫌疑人，他不过是在不知情中，一个被人利用的“肉弹”而已。

我想说，很多事情的真相，并不一定要事后我们才能知道，语言—心理分析等技术分析，从一开始就可以帮助我们准确地做出判断。

12. 有很多人，他们对自己心理问题的治疗方式，就是扮演某个角色

在语言—心理分析上，我们继续往前走。

我们需要训练的一种能力是：在某个具体的情境中，从一个人的几句话，就可以判断出他大致是什么人。

下面这个故事，我们的语言—心理分析可能很琐碎，但我想说：牛的洞察，是用琐碎炼成的！

某日，北京交响乐团俄罗斯籍前大提琴首席奥列格·维捷尔尼科夫坐在沈阳开往北京的动车上。似乎他觉得没有教养是一件非常有个性的事情，将双脚跷在了前排一位中国女人的后座背上。

他很快被抗议。中国女乘客让其将双脚放下，不料这位维捷尔尼科夫好像认为欺负一个女人也挺光荣，一种施虐的快感油然而生，口中念念有词：“真爽，真舒服。”

中国女人被激怒了，她拿起座位上的杂志向维捷尔尼科夫双脚抽过去。维捷尔尼科夫一边躲，一边用标准的普通话爆粗口，并大笑：“她非常有毛病。”

后来，一男乘警赶来询问。维捷尔尼科夫才将双脚从座椅顶端移开，表情无辜地称不知道发生了什么。乘警问其是否骂人，他表示听不懂，语言沟通有障碍。乘警劝女乘客克制情绪，并称“人家是艺术家，搞艺术的”。

很不幸，事件的整个过程被人拍了视频，并放到网上。结果是，维捷尔尼科夫先是通过视频道歉，但说的是俄语，被指无诚意，后被北京交响乐团开除。

而在维捷尔尼科夫道歉但还没有被开除的那段时间里，他道歉的文字，

经过翻译被人转帖到了一个网络论坛。

各色人等登场表演了，在主帖之后，出现了下面的跟帖。

由于太多了，我只举出三个来进行分析。

ID chuanhong：真看不出诚意。

ID 挑粪工：时间，1910年；地点，奉天开往京城的蒸汽火车上；人物，俄国洋大人，我大清子民；事件，俄国洋大人用脚掌调戏我大清妇女。

ID “曲新词”：这个愚昧野蛮的民族，就是喜欢窝里斗，境外人士稍微招惹他们，就群起而攻之，只是维护他们那点可怜的民族自尊心。

先来看一下，“chuanhong”这句话暴露出了什么没有?

什么也没有暴露，那只是他对维捷尔尼科夫道歉是否真诚的一个判断——它仅仅代表了某个人对某件事情的一个判断，这个判断没有携带人格、心理的内容。如同他说“这个道歉太有诚意了”也一样。

“挑粪工”呢？那就不是这样了。人格、心理的内容被他的话携带着展示了出来。

他把这个事件，类比于清末时中国人被欺负时的情境对不对？他似乎觉得，自己很会玩幽默，且还讽刺了当今中国政府和中国人一把。我们甚至能够想象，当他在电脑上敲出这一排字时，一定陶醉在自己天才的讥诮之中。

然而看上去很不对劲！按理，当一个中国女人在中国的土地上，被一个粗野无礼的外国男人欺侮时，他应该谴责和愤怒才对啊。但他毫无痛感，缺乏正常的反应。

这说明了什么？说明：在心理上和意识上，他并不关心一个弱者的痛苦，也不关心一个强者的嚣张，对“中国女人在中国土地上被欺负”更没有耻辱感。这个事情，仅仅是他可以用来表现自己的幽默，用来讽刺政府和中国人的一个道具。

是什么可以让一个人这样呢?

被迫害感！

这位“挑粪工”，显然因为他的利益、他的价值观、他的人格，在他所处的环境，以及大环境“中国社会”，受到了一定压抑，其精神结构被破坏。

因此心生怨恨，心理上的报复对象，指向了抽象的体制、权力、国家、社会。这是当今中国非常普遍的一种社会病理现象，也是公知们的群众基础。

说这位“挑粪工”有被迫害感，并不是说他受到了多大的“迫害”，而是因为他的利益诉求，他的自我感觉良好，在怨恨中变成了一个心理问题，必须通过在心理上嘲讽、攻击抽象的体制、权力、国家之类，才能得到治疗。

这种人是底层的穷人吗？绝对不是。穷人当然也会有被迫害感，但他们会直接开骂，而不会玩什么幽默、讽刺，因为他们本身就不是自我感觉良好。在维捷尔尼科夫欺侮中国女人这件事上，他们还不会失去正常的人性反应。

那么，是官员富人之类的人吗？更不可能！这些人可能有恐惧感，但不会有怨恨，并通过幽默的讽刺表现出来。

很清楚，“挑粪工”只可能是比较关心政治的中产、小资、生意人、大学生这类人。

但“挑粪工”还不仅仅有这些特征。玩讥诮、讽刺、自我感觉良好，所有这些，都在说明他是一个自私的市侩。这种人一方面对社会价值排序比他高，可以压抑或剥夺他的一切充满怨恨，但另一方面，则又对底层民众充满傲慢和鄙夷。

请相信我，如果你在现实生活中碰到这种人，第一时间可以判断出：他骨子里不信任任何人，没有什么底线，在利益面前，他会比谁都要下作。

那个挂着一件“曲新词”马甲的人呢？从他的语言上看，和那位“挑粪工”算是一类人，但走得更远，他把对抽象的体制、权力、国家、民族、社会的怨恨，以及对底层民众的市侩式蔑视推向极端。

我不知道你看到他的语言有何感想，但我希望，你能够感觉到那是一种神经病的语言。

这种语言唯一的功能，就是告诉大家他是什么人。

我们注意到，“挑粪工”只是为找到了一个可以发泄怨恨和体验到自己聪明的事件而沾沾自喜，但并没有否认、颠倒事实，但这位“曲新词”这样干了。

那么这句话告诉了我们什么？它首先告诉我们：披着一件马甲躲在电脑后面的那个实体，没有起码的道德判断能力和是非观念。他怨恨、鄙视这个“野蛮民族”，觉得自己在这个“野蛮民族”面前有智力和道德上的优越感。

他是什么人呢?

我想问一下，当一个人说别人是“穷鬼”时，你可以知道他是什么人吗?

他一定是红薯屎都没屙完几天的暴发户，或缺乏教养但有一点小钱的小市民！说别人是“穷鬼”，从语言和心理的关系上说，表明一个人害怕和以前贫穷的自己，以及贫穷的人们在心理上扯上什么关系，而这暴露他极端屈服于社会价值排序，刚脱贫不久，或根本不富。

说“野蛮民族”也一样。当一个人这样说，表明他潜意识里希望把自己看成是“文明人”，而如果他在说“野蛮民族”时充满鄙视，可以判断，他骨子里希望把自己体验成一个比“野蛮”“愚昧”的民众高档得多的“精英”。

这类人的被迫害感远甚于“挑粪工”这种人，因为这种奇妙的感觉，具有了另一个心理功能，那就是治疗他的无能。有了被迫害感，他才能合理地在心理上蔑视、攻击抽象的“野蛮民族”之类。而合理地蔑视、攻击“野蛮民族”之类，他才能体验到自己是一个具有智力和道德上的优越感的“精英”。

就是说，他很需要被迫害感！

在这个世界上，有很多人，他们对自己的心理问题的治疗方式，就是扮演某个角色，比如，有人扮演一个专门偷女人内裤的小偷，有人扮演一个收留流浪狗的爱心人士，当然，像这位“曲新词”一样，也有人要扮演“精英”。

13. 要成功地对一个人催眠，有时一句话就够了

几千年来，人类社会流传着一个“谎言重复一千遍即变成真理”的传说。

传说是真的。如果一个人不断地、有气势地重复同一句谎言，那么，他就攫住了人类心理的两个巨大软肋。

第一个软肋我在前面已经讲了，就是对他相信什么、不相信什么，没有真正的确信，因此需要一个头脑之外的理由。

第二个软肋，就是奴性。不断重复有气势的语言，暗示背后有强大的力量支撑，无论是“历史规律”、人多势众，还是属于真理的声音，都能很快把一个人弱小而充满焦虑，不知往哪一方投靠的自我震慑住。这样一句话，

成为他在心理上治疗自己弱小的药方。

但是，谎言都要重复一千遍才能对人催眠，技术难度也太高了点。事实上，在很多时候，要成功地对一个人催眠，一句话就够了。我们很多人，平时并不栽在别人不断重复的谎言上，而恰恰是栽在被别人一句话催眠上！

我说的并不夸张。

让我们想象这样的一个情境：假如你有一个关系一般的同事A，某一天，对你说另一个关系同样也一般的同事B的坏话，说B“一肚子坏水，防着他点”，接下来会发生什么？

你感受到这句话的杀伤力了吗？

不用怀疑，A已经成功地对你进行了催眠。无论此前你对B是什么印象、看法，此时，A的话已经强势地进入了你的智力结构，“B一肚子坏水”作为一个“事实”，你已经记住了！它马上成为你和B打交道的认知和心理背景，就是说，B在你面前，因A的一句话，已变成了另一个人。

这简直太可怕了。那么，A是如何能够对你做到这一点的？

答案在这里：这句话非常简短，没有解释，没有论证。恰恰就是这样，它给了你一个意识不到的错觉，即它是A深思熟虑或经验观察的结果！这句话，只是A对B所思考的、所经验的，进行了简单精炼的总结而已！

而之所以能够这样，是就语言的表达而已，在逻辑上预设了有些话，要让我们信服，是可以不说出个所以然的，因为它正是“所以然”推论的结果，而不是先有它这样一个观点，才用“所以然”来论证其成立。

我们在心理上完全接受了这个逻辑预设，即心理也预设是可以这样干的。所以，当这句话进入你的头脑时，你在心理上也把它合理化了。就是说，你被催眠了。

一个玩语言催眠的高手，通常的做法是只说一句，即使你没有完全被催眠，他的话也显得高深莫测，吊起你半信半疑的胃口。最愚蠢的做法，是滔滔不绝地说半天某个人坏，但就是无法说出别人到底坏在哪儿。如果是这样，他只会让人怀疑是不是要搬弄是非。

我们如何避免被人催眠呢？我提出的建议是，当有人在你面前说另一个人的坏话，而且像A那样只玩一句时，你不动声色，只是微笑地看着他“嗯”一下，看他接下来的反应。

“嗯”一下意味着什么？意味着你给了他一个“你应该说下去，要不然我怎么相信你”的压力！

这样，主动权就完全抓在了我们手里，我们可以判断，到底是别人坏，还是说别人坏话的人不怀好意，或者别人真是好心提醒我们。

还是以A对你说B的坏话为例，有几种情况。

一种是A本来就是一个心理阴暗的人，就想诋毁B，让B不好过，煽动你对B产生恶感或排斥。当你“嗯”一下时，在压力之下，他不得不绘声绘色地补充说B如何如何坏。这样的话，他就上你的套了，你引蛇出洞成功。你基本上可以通过他说B如何如何，来判断他为什么要在你面前说B的坏话，想达成什么目的。

第二种情况，A是一个喜欢关心别人，讨厌小人、恶人的人，怕B伤害你，先提醒你一下。

这个时候他会有何表现呢？

基本会这样：他严肃而真诚地看着你，举一个B坏的例子。

还有一种情况，A没有再说下去，而是难堪地诡异一笑，挺不好意思的。这种情况，你也应该诡异地看着他哈哈一笑，彼此心照不宣。

他难堪而诡异的一笑是忽悠不了你，被你看穿心思后的反应，而你的诡异一笑，则传递给了他一个信息：“我知道你想干什么，但在我面前最好别这样玩。”

Methods

第十三章

13

心理逻辑

1. 懂一种东西和会一种东西，其实是两个概念

当讲到心理逻辑的时候，我要温馨提示一下：请给自己一点耐心。

因为我讲到了我的独家心理分析最核心、技术性最强的东西。不夸张地说，如果学会梳理心理逻辑，那是一个绝杀技。

我们都知道，练一门武功，和会玩几招花拳绣腿有本质区别。这种区别，恐怕和蚯蚓与黄鳝、黄鳝与蛇、蛇与龙的区别差不多。

很简单，真正的功夫是用来防身和攻击的，技术性相当强。你不要看玩功夫的人手一舞一舞，脚也一踢一踢的，这么做并不是为了好看（当然它也可以玩得看上去很美），而是知道自己和别人有哪些漏洞必须防守，可以进攻。他不会去玩那些华而不实的招式。

李小龙玩的“截拳道”就非常讲究这一点。在《精武英雄》这部电影里，陈真陈英雄也说“搏击之道就在于击倒对方”。

对于花拳绣腿来说，那就不懂这些东东了，它就是用来表演和娱乐的，因此追求的就是好看。

所以，有时候，懂一种东西和会一种东西，其实是两个概念。《天龙八部》里的王语嫣同学就是一个懂一种东西，但并不会这种东西的人。她看过很多武功典籍，别人要玩什么武功招式，她都知道，但是她不会武功！

2. 用逻辑无法解释清楚的事情，总可以在心理上说清楚

我们碰到的第一个问题是：什么是心理逻辑？

先想一下，在这个世界上，有很多人的言行，其反常、奇异、疯狂，是“不可理喻” “无法想象”的对不对？也就是说，它们用理性的逻辑和常理，根本就解释不清楚。

比如，一个人喜欢去偷女人的内裤，一个疯子突然跳起来拿刀在大街上砍人，一个人看到另一个人就会本能地厌恶，用逻辑都无法理解。

那什么可以理解？回答是：心理逻辑。我想说，在这个世界上，用逻辑无法解释清楚的事情，总可以在心理上说清楚。

因为，这些言行，是受心理驱动的，它们自有一套逻辑。

对“心理逻辑”名词解释一下就是：一种心理行为，或一种心理症状，从在内心里的发生，到表现出来的整个有规律的过程。梳理心理逻辑，就是看透这整个过程。

当我们做到这一点时，就相当于看到了：

a. 一个人在内心里到底是怎么想的；

b. 他的那些行为，在内心里经过了什么样的程序，又是怎么表现出来的；

c. 他的心理问题，到底是怎么来的，经过了怎样的演变。

3. 心理分析讲究的，主要就是心理逻辑

和我们人类有关的世界，大致有三个大领域：自然、社会和心灵。

对于自然、社会现象来说，我们是用一系列自然科学和社会科学（还有哲学）来对付的，比如物理学、化学、哲学、社会学、经济学，等等。它们有一个共同的特征，那就是必须讲究逻辑。因为，不讲逻辑，你都思维混乱了，还想干什么，又能干什么？还想探知自然、社会现象的规律？

值得一说的是，甚至本属心灵领域的宗教，为了增强吸引力，也用逻辑来武装自己，比如，在西方的中世纪，很多教士就做起了宗教哲学家，不再说“上帝就是存在的”，而是论证上帝的存在，虽然论证是否成功是另一回事。

但是，碰到人类的心灵领域，逻辑就玩不下去了。有效的是心理逻辑。我们的心理分析讲究的主要就是心理逻辑。

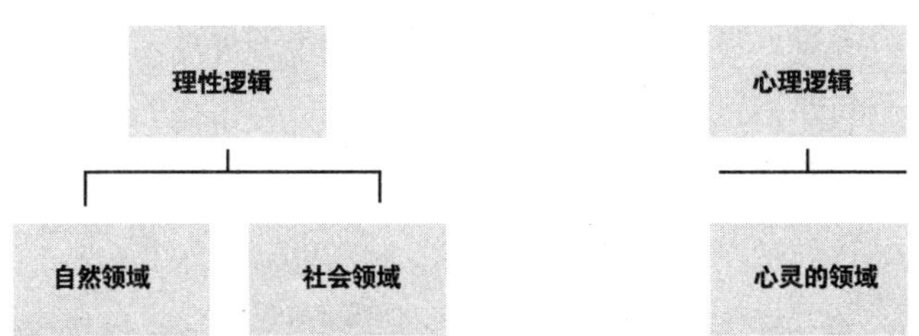

4. 一个人的心理背景越活跃，他越不理性

心理逻辑是怎么运作的呢?

有两种情况，我分别把它们的运作过程，画成一个逻辑图式。

在一个人的心理生存没有受到威胁，保持着理性的情况下：

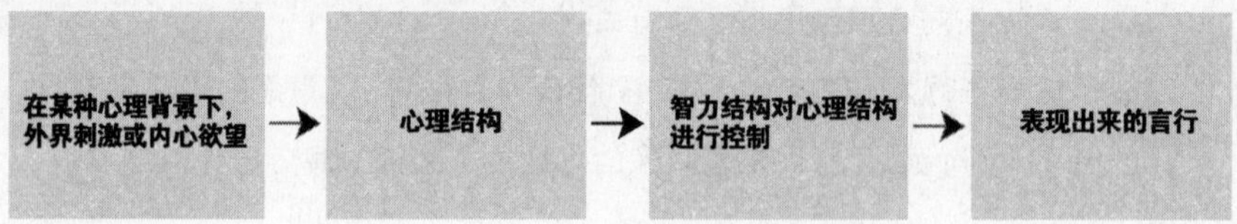

解释一下就是：在我们带着一个心理背景和别人打交道时，别人如果对我们说了什么、做了什么，或者，我们的内心欲望被激发了，那么，我们的心理结构就被刺激，导致了某种心理反应，由于我们的智力结构可以控制它，于是，最后出现的，便是某些理性的言行，它们回应了别人对我们的刺激，以及我们内心被激发的欲望。

比如，你在大街上看到了一个美女，有占有的冲动，但你知道你想占有她是不可能的，于是，在心里阴笑一下，开始装，走开。这就是你的内心欲望被她激起，冲击到了你的心理结构后，在智力结构控制下心理逻辑的运作过程。

当一个人保持理性时，他的心理逻辑的运作有一个特点：受到智力结构的影响或支配，而不是盲目地被外界和内心欲望所操纵。

由于在理性的情况下，心理逻辑的运作较为简单，你只要像前面我们所讲的一样学会看穿一个人的心理动机，学会澄清他的言行，就已经够用了，在这里我就不分析了。

在一个人的心理生存受到威胁，使他沦为心理动物的情况下：

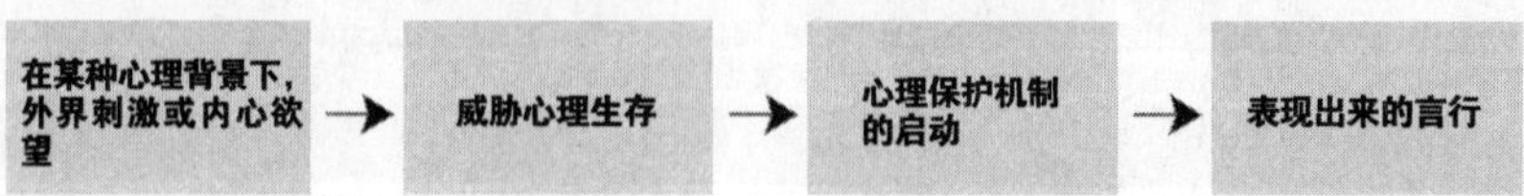

解释一下就是：当我们带着一个心理背景，出现在任何一个情境中时，或者别人所说的话、所玩的动作，或者我们的内心欲望被激起，冲击到了我们的心理结构，使我们的心理生存受到威胁。这个时候，我们的智力结构已经不管用，心理保护启动，并以外在的言行表现出来。

它的特点是：我们盲目地受心理规律的支配，心理保护主宰了我们对外在刺激和内心欲望的反应。

比如，一个人在单位无端地被上司批评，心里面正不爽时，下班回来在街上，恰好又有一个人踩了他脚后跟，而且还不道歉，态度恶劣，他就有可能发火。被上司骂已经够让他郁闷了，居然还有人再惹他，他会有一种“我TM怎么那么倒霉，那么好欺负”的内心语言。这个时候，他的心理逻辑运作，但智力结构不起作用。

当我们带着一个心理背景和别人打交道时，这个心理背景越活跃，我们越不理性。

5. 我们不仅仅应该看到一个人的行为在心理上是什么意思，也应该看到，在此之前，他在心理上发生了什么

下面，开始进行技术分析了，还是从最简单的开始吧。

我们梳理心理逻辑的第一个运用：破译一个人的心理演变过程，看到他的行为，是怎么被召唤出来的。

我想说，我们不仅仅应该看到一个人的行为在心理上是什么意思，也应该看到，在此之前，他在心理上发生了什么。

来看这样一个故事。

某年某月某日，男A在地铁偶遇女B，搭讪成功。继而，在网上开始猛烈的攻势，装，女的也装。摊牌要追，男A搞不定女B，便恶语相向。

但女B也不是省油的灯，一怒之下，把他们的聊天内容和手机短信公布到了微博上，供网络哄客和骂客参观、起哄、谩骂。男A大惧，赶快道歉……女B不留情。于是，男A刀捅女B，所幸只是划了一下，无大碍。

显然，即使是不懂心理分析的人，要搞懂男 A 为何要刀捅女 B，也是一件很容易的事情。

但我们还是来梳理一下他的心理逻辑。注意了，下面我用箭头，把心理逻辑的运作过程完整地勾勒出来。

在地铁里搭讪，搞定联系方式，内心窃喜

↓

在网上展开攻势，勾搭，由于不是面对面，而且似乎具有私密性，他内心充满了泡妞时进攻的快感，这种快感，并不亚于“搞定”时的成就感

↓

女 B 并不在网上投怀送抱，在大谈什么车子的同时，拒绝了男 A。男 A 心理受挫，心理生存受到威胁

↓

心理保护启动，对女 B 进行语言上的攻击

↓

女 B 把聊天内容发到网上，男 A 隐私暴露，被网友围观指责。恼恨、恐惧。为消除恐惧，赶快道歉

↓

道歉没有起到应有作用，单方面和女 B 签订了一个“我道歉，你也放低姿态息事宁人”心理契约的男 A 有被羞辱之感，于是，又威胁到心理生存，基于心理保护，转化为愤怒

↓

在搞不定女 B 的挫败感、女 B 把聊天内容发到网上让他丢脸的怨恨，以及道歉后的恼羞成怒驱使下，他要对女 B 进行报复，于是，刀捅女 B

6. 如果我们知道某种希望的结果就是失望，那么，我们就会说服自己不要抱希望

我们梳理心理逻辑的第二个运用，相对要复杂一些。因为我们要破译的是：一个人成了某种人，在心理上究竟是如何发生的呢?

这个运用太重要了。因为从小开始，我们就不断地被某些事情所改变，我们必须知道自己为什么变成了某种人，又如何阻止自己。

下面是一个官二代女公务员的故事。

她表面上是个单纯孩子气有点内向的乖乖女，但事实上极善于伪装。

在小的时候，父母经常吵架，而她在一旁冷眼旁观，暗带嘲讽。

她母亲是个游戏人生的人，但父亲很好面子，且道德感强，做事有条理、有分寸。由于和母亲关系不和睦，她父亲便把精力都转到了工作和对她的期待上。

于是，她出现了这样的情况：

a. 在小的时候，有一次，她和朋友说话，朋友没有理她，她没有继续说，而是趁朋友不注意，把朋友的钥匙拿走了，以作为对他的惩罚。还有一次，和舅舅一起走在回家的路上时，她说的话没有得到舅舅的回应，于是气愤地回家把门反锁，不管舅舅怎么敲门都不开，还挑衅地隔着窗户看着他。

b. 在父亲的耳提面命下，她从小努力要做一个优等生，但在面临高考时，因压力过大，她发现在心理上无法坚持下去，于是，开始自暴自弃，情绪崩溃。这个挫折对她的影响很大，以至于在心态上、穿着打扮上、交友上都失去了改变自己的勇气。

c. 在一所并不好的大学毕业后，她进入体制内，虽然是官二代，但心理上还是小绵羊。有一个很会玩人际关系的同事，当面嘲讽过因她的“身份”所给他带来的不平等待遇。她忍不住想接近他，暗中观察他的做事方法。而他也乐于交她这样一个官二代朋友。于是，在和同事表面上和谐相处了一段时间后，她非常想找一个机会狠狠地攻击他一次。

好，看完故事后，我们来梳理心理逻辑。

第一种表现：父母吵架时，她在一旁冷眼旁观，暗带嘲讽。

父母吵架，刺激到了她的心理结构，她很痛苦

↓

她本来是希望父母和睦的，但结果相反

↓

如果我们知道某种希望的结果就是失望，那么，我们就会说服自己不要抱希望。所以，为了避免再受伤害，她在内心里告诉自己，不要抱他们不要吵的希望，而是蔑视他们

蔑视父母，使她既避免了被他们吵架伤害，同时这又是一种心理上的攻击，是她在心理上对他们的报复

第二种表现：谁得罪了她，她就会想着去攻击谁、惩罚谁。

父母吵架时，她在心理上保护自己的方式，建立了她在心理上和世界的关系，成为一种固定的心理模式。这构成了她的心理背景 1

但她只是强迫自己不要抱希望，骨子里从未断掉希望父母和睦的念头。同样，渴望得到别人的尊重在她内心里也一直潜伏。因此，她在和别人打交道时，从未有一开始就主动的攻击性。这构成了她的心理背景 2

在和别人交往时，她先示好，但别人不友好回应她，刺激到了她的心理结构，她受到伤害

她心理保护的固定模式被激活，她要报复，对伤害了她的人进行攻击

第三种表现：面临高考时在心理上无法坚持下去，这个挫折，使她后来在心态上、衣着打扮上、交友上都失去了改变自己的勇气，成了一个没有自信心的人。

由于不能从母亲那儿得到爱，她怕从父亲那里也得不到爱，这是她的心理背景 1

↓

父亲期待她成为一个和母亲不一样的有出息的人。她知道父亲对自己这样期待。她的心理背景 2

↓

她强迫自己符合父亲的期待，因此扮演了一个“很乖但懂得按主流价值观去奋斗的人”的角色。主要观众，是父亲，也包括她自己

↓

在高考前，她的演出一直很成功。但由于是害怕得不到爱，而非兴趣来扮演这个角色，她活在一种心理不平常的状态中，靠加油打气来支撑，因此，在巨大的压力下，高考前，她崩溃了

↓

她在心里知道：自己只是在强迫自己扮演一个角色，内心实际上缺乏力量，并不自信。她无法再骗过自己。而意识到这点，她失去了继续扮演这个角色的力量

↓

这件事产生这样的心理后果：她意识到自己的弱小，知道强迫自己来显得自信不过是一种自我欺骗，因此在心态上，衣着打扮和交友上，都失去了勇气

我不知道你看到没有，这位官二代同学，实际是一个善良的、有基本是非观的人。这一点，到现在都没有沦陷，否则她的心理会扭曲得很难看。

她在网上找到了我，我的分析，她回答说非常精准，希望我能出出主意帮她改变。

我的主意是：她缺乏一个目标，一个把自己的善良升华的目标，比如，大可以在和人民群众打交道时，尊重他们、为他们奔走呐喊。这样，她在心理上就慢慢改变了和别人、世界的关系，也会改变自己。

7. 一个所谓的“正常人”看起来不正常的行为，是大有深意的

以上对心理逻辑的梳理，针对的情境，都不是短时间内在一个空间里发生的，更适用于我们的自我分析，以及对一个人的心理演变、他是什么人的破译。

但我们平时和人打交道，会经常碰到在一个时空情境里发生的情况。

所以，下面我们开始第三个运用：在一个人和我们互动时，从他的语言、行为中，破译他的心理逻辑。

有个职场新人，讲了一个发生在他身边的真实故事。

在我刚进入一家广告公司的时候，有一个同事主动跑过来跟我打招呼，显得挺热情。但是跟他瞎聊了一下，发现跟他沟通有点困难。比如我说 A 他会听成 B，而他说 B 呢，我却听成 A。另外，他给我的第一印象就是这个人挺躁动的。

意想不到的事情发生了。这天，这个人一到公司就开始向我和其他的同事问一些问题。比如他问了我一个问题：如果你能将“中华人民共和国”这七个字在一分钟内倒着念，我就给你五百元。但过了一会儿，他又说五百万元。我当时觉得他有点怪怪的，但也没有多在意。

其他同事围了过来。他们也开始对他提的问题和喋喋不休的讲话有些不满。后来，他有一个行为——躺在公司的沙发上。然后，你可以想象到，其他同事对他说：“上班期间不要这样子。”他就在那边说：“没事，我会跟总经理沟通，你们不用管，没有你们的事情！”

大家没有办法，只有不满。静默了一段时间，他突然歇斯底里地狂笑，而且笑得异常大声，异常恐怖！突然之间，他对桌子椅子狂砸一通，并且对两位对他指手画脚的同事说：“我是总经理！你们可以不用干了！现在辞职马上出去！”随之，他手指向我和另一名同事，“你们可以留下！”

我当时懵了，尽量安抚他的情绪。但是，他已经无法控制自己了，像发了疯一样，对公司的花瓶、桌子、空调一顿乱砸，同时也不放过别的公司的物品。最可怕的是，玻璃门也被他踹到完全碎掉。事后我看了一下，那种玻璃厚度差不多一厘米！

到最后，人越来越多。他突然从 13 楼窗户跳了下去！

幸好，12 楼有阳台。

故事刚听到三分之一的时候，我就像联合国秘书长潘基文先生一样想表示“震惊”了——震惊于这些公司白领如此缺乏心理洞察力。

这位仁兄不能像别的人民群众一样情绪稳定，在语言、表情、动作上搞得那么夸张，目的只有一个：变相地向同事们发出“安慰我”的强烈信号。他们在心理上却毫无感觉，只是把这些语言、行为理解为“怪异”。

说一个人“很怪”，往往只是我们想得到快感的托词。我们之所以乐此不疲，原因仅仅在于，通过阻止自己捕捉真相，我们认定了一个人的“不正常”，在他面前获得了心理优势。

下面，我们来分析一下这位仁兄的言行到底是什么意思。

想都想得到，他一定在某方面受到了打击、伤害，有一种想毁灭自己来寻求解脱的冲动。但是，他真的不想死。如何解决这个矛盾？他想到了同事们，要向他们求助。

但是，同事对于他来说，在心理上毕竟是陌生人，如果向他们袒露心扉，把自己的孤弱无助暴露在他们面前，他们不安慰自己怎么办？那无异于自己主动去让别人伤害！

因此，他必须进行心理保护。而这样，只能采用别的吸引注意力的心理策略，在他们面前制造出好像应该得到重视的问题。这样做，一方面可以让同事安慰自己，获得补偿；另一方面，又能够在气势上压过他们，使自己不暴露心理弱势。

不幸的是，同事完全不懂得配合。居然没人听懂他怪异的语言。他感觉到了受挫，于是发出的信号更为强烈，也就是语言行为越显反常。不幸，不仅得不到重视，还遭到了同事的不满。

这个时候在他心理上发生了什么？他恨他们！原因在于，当他向他们求助时，无论在心理保护的驱动下如何掩饰，都已经处于心理弱势，有被视为神经病的危险，那么，他在心理上，就会单方面和他们签订一个心理契约：你们应该重视我。

就是说，他在心理上是下了赌注的。如果同事不重视，甚至还表示不满，就意味着同事可恶地撕毁了契约。

接下来他要干什么？报复他们！

他异常恐怖地狂笑，扮演成总经理叫一些同事滚蛋，叫其他同事留下，如果你把这些言行理解成他疯了，那错的一定是你。不，他没疯。他只是在以这种看起来已经疯了的形式，在心理上震慑他们、戏耍他们。

我们来梳理一下他在跳楼前的心理逻辑。

跳楼前的心理逻辑如下：

在某方面受到了打击、伤害，他有一种想毁灭自己来寻求解脱的冲动。这是他的心理背景 1

↓

但他并不想死。这是他的心理背景 2

↓

为解决这种心理冲突，他向同事们求助。在心理保护下，他以变得“不正常”的方式发信号，希望吸引关注，求得安慰。他单方面地和同事签订了一个心理契约

↓

同事不配合，他心理受挫

↓

和同事单方面签订的心理契约被违反，刺激了他，带着对同事的恨，索性放开，越玩越疯狂

最后他失控了，对物品狂砸一通，还跳了楼。这又该如何理解？

跳楼的心理逻辑：

震慑——通过他对同事的恨，其心理变得强大，无所畏惧：你们不是对我不满，视我为疯子吗？好，我干到底，吓死你们！

↓

兑诺——我下的心理赌注赌输了，愿赌服输，我认了。既然我找不到一个理由来阻止自己自杀，我就必须像个男人一样不退缩

↓

报复——玛勒隔壁德，老子就死给你们看，蔑视你们！

看到没有？他的跳楼自杀，已经不仅仅是原来那个想毁灭自己的动机的

行为结果了。从他的表现上看，我们可以认为，导致他自杀的心理背景已经变化。就是说，原来是有打击让他想自杀来解脱，但现在，这个心理背景已经暗淡了，现在是他被漠视，才更多地刺激他以自杀来报复。

真相是很残酷的，但我们如果看不见真相或无视真相，结果更为残酷。

8. 如果你带着一双恐惧的眼睛看待这个世界，那么，一个微不足道的东西，都可能打败你

一个人越是处在恐惧、焦虑、紧张、怀着巨大希望等心理背景中，心理抗打击能力越弱，越容易产生心理问题。那么，一种心理问题的症状，是如何产生的，如何消除它?

我想说，在自我分析上、在自我认识上，对我们的心理逻辑进行梳理，是一种很高的境界。

我们梳理心理逻辑的第四个运用是：看清一种心理症状，比如强迫症，到底是怎么来的。

来看一个对噪声非常敏感的女生，她被一种强迫症——“噪声敏感症”，折磨得痛苦不堪。

这种症状还在生理上体现出来，就是头痛。

因为这种症状，她错过了心仪的大学，工作也大受影响。

这个女生在小的时候父母感情不和，给她带来一些伤害，很自闭，很少和父母交流。在高中时，她甚至想离开家。也因此，她好胜心强，不服输，从小就是“三好学生”。在中学的时候为了超过其他同学，经常熬夜学习。善良，不习惯麻烦别人。

在高三的时候，问题来了。

有一天，她正在教室里紧张备考。听到有人咳嗽，一开始她的注意力稍微被分散。但仍有咳嗽声，她心烦、焦躁，大受影响。再后来，这个过几分钟就出现一次的声音，成了干扰她自习和听课的最大障碍。

那时候，她每天很早起床，比其他人都早。但坐到教室后，学习没有效率。

还远远不如那些懒散一点的同学。

记得有一次班会，班主任说到这个问题，说有其他同学反映有人咳嗽影响自己学习，她知道原来存在这种困扰的不只是她自己。这让她更认同，是咳嗽声影响了自己学习。最后，情况变得更严重，她听到这个声音就开始头痛。

到了大学，开始有所缓和，但“噪声敏感症”仍然或轻或重挥之不去。每当她需要集中精力做事情时，比如看书、学习，症状就会比较明显。

大二的时候，她交的男朋友有清嗓子的习惯，这对她的影响非常大，也加重了她的症状。她一方面深受其苦，比如每当听到男友清嗓子或咳嗽的声音，甚至是哪怕他不在身边，她想到这件事，或者想到他，都开始头痛。她本能地想分手，解脱；但另一方面，她跟男友的感情还不错，她觉得因为自己的这种原因跟男友分手，对他不公平。

工作之后，“噪声敏感症”依然存在，并且开始扩大化：不仅仅是听到别人的咳嗽声，或清嗓子的声音，还有关门的声音、办公室电话的声音，等等，在那种环境中很容易被忽略的，只要被她注意到了，都成为影响她的因素。她意识到这个影响到她了，就条件反射地开始头痛。越想排除，越加重。严重的时候，一天都没有状态，工作毫无效率。

心理背景 1—— 由于父母感情不和，她有某种自卑，也知道不能依靠父母，以后的人生必须靠自己，必须逃离那个没有温暖的家庭，逃离那个不如人意的自己，所以从小努力学习，好胜心强。她把努力学习，看成是自我拯救的方式。显而易见，她会自我加压，强迫自己这样做，而且，也始终处于紧张的状态中

心理背景 2—— 一个强迫自己努力、保持紧张状态的人，也是最敏感的。他害怕任何意外因素的干扰，因为这些他不能控制并且又影响到了他的因素，在心理上，会破坏他的努力，而破坏他的努力，必然会影响到努力的成果。这个女生正是这样

刺激—— 她带着这样的心理背景，在教室里紧张备考。这个时候，有人咳嗽，刺激到了她，注意力被分散。注意力分散产生了这样的心理后果：她害怕被干扰，从而学习不下去。然而，咳嗽声仍然继续，几分钟一次。这刺激到了她的心理结构，激起了她不能学习下去的恐惧。于是，她心烦、焦躁，情绪大受影响

强化—— 咳嗽声并没能在那一次后就停止。于是，越紧张、敏感，越容易被咳嗽声影响，而越被咳嗽声影响，就越紧张、敏感，越有学不下去的恐惧。而她每天很早去学校，学习却没有懒散的同学那样有效率，更是一个很大的打击，更让她没有自信，而没有自信，心理更加弱小，更害怕受到干扰。于是，咳嗽声成为她学习的杀手。她还把这一点客观化了，因为从班主任那儿，她确证了这一点

症状形成—— 她想学习好，想成功，以及害怕努力失败，这样的恐惧，由此和咳嗽声联系起来了，因为对咳嗽声的恐惧，就是对失败的恐惧，而对失败的恐惧，也是对咳嗽声的恐惧。在心理上，咳嗽声既然和对失败的恐惧有关，那么，只要是集中精力想做好的事情，她就都会有对咳嗽声的恐惧。“噪声恐惧症”由此形成，虽然一开始只是“咳嗽声恐惧症”。同时，“噪声恐惧症”也有生理上的症状表现，就是头疼

症状加剧—— 一个人一旦形成某种心理症状，他心理更加弱小，心理背景更加有恐惧，更害怕，也更受不了打击。由于刚进大学，相对不需要那么紧张，所以她的“噪声恐惧症”有所缓和。然而，在大二的时候，男朋友清嗓子的习惯，因为是噪声，又刺激到了她的心理结构，加重了症状。在道德压力下，她既害怕噪声，又不分手，出现心理冲突，而这反过来加剧了她的症状

恶化—— 工作之后，压力变大，也更紧张。症状继续加剧、恶化。由于其他声音和咳嗽声、清嗓子等具有相同的干扰功能，而这些，都会给她带来恐惧，因此她不仅是对咳嗽声、清嗓子的声音敏感，对任何可能听到的声音，比如关门的声音、办公室电话的声音等，都变得非常敏感。这些声音，都成为影响她的因素。在心理上，它们已经和她的恐惧对应起来了，而且也对应于症状的生理效应——头疼

她说，这是“积重难返”了，“透不过气来”。她坦白自己曾几次因此觉得活着没有意思。

好，描述到这儿，我们来回答问题：她的“噪声敏感症”是如何发生、恶化的，心理逻辑是什么？

在这里我们看到了：一种症状一旦形成，就会自我恶化。

原因在于，我们“治疗”症状背后的恐惧的办法，或者就是强迫自己“不要这样想”“不要这样做”，这样就会和恐惧的那种心理力量产生心理冲突，更加紧张、焦虑、恐惧；或者，我们直接就把症状表现出来，通过钻进强迫性症状的那个仪式来获得安全感，就是说，用恐惧的产物——强迫症——来治疗恐惧。

这种饮鸩止渴的办法，只有一个下场，那就是失败。

你可能要问，为什么一个人，会被这样一个微不足道的干扰困扰了那么长时间，被它给打败了呢？

我的回答是：因为她是带着一双恐惧的眼睛，去看这个微不足道的干扰的。而现在，她要做的事情，就是通过自我心理分析，逃出症状，逃出那个心理背景！

附录

答读者问

1. 拍吧，到你了

问：小女刚毕业，在一机关办公室上班。办公室一大妈整天炫耀，贬低、鄙视别人，摆出一副自己无所不知的样子。本人内心不强大，经常遭她鄙视，不知道该如何对付此类人？

答：她骨子里在你面前很自卑，但有经历可以压你。所以，她是在向你发出一个信号："拍我马屁，给我面子，然后我会回报你！"拍吧，到你了！

2. 厌食其实是害怕和别人接触

问：厌食症、肥胖症有什么心理上的原因吗？

答：当然有啊。想一想，厌食的人不想吃饭，好像也不饿，同时，心情抑郁，似乎饭是不洁净的、有危险的对不对？饭，就代表了他的"自我"之外的世界，不想吃饭就是不想和外界发生联系，因为发生联系，对于他来说就是危险的。

所以具有厌食症的人，大多数是没有热情去和别人打交道的人。

再来看肥胖症。一个人搞得那么肥胖，肯定是吃多了，但吃多了不仅仅是生理需要，也是心理需要。他心理上需要什么呢？需要占有世界，要把世界纳入他的胃中！

肥胖症，是他吃了两片用来治疗焦虑的药片的结果。一片是用吃来消除不安，他吃的不是饭，而是药物；一片是把"世界"纳入胃中来变相满足自己的占有欲，吃的同样不是饭，而是金钱、物品和别人的关系！

3. 反抗，有时候只是你在向自己证明：你没有把自己给卖了

问：我发现我有一种挺可笑的倾向，就是遇到自己不愿意或者与自我价值观不一致的事，但又不得不做时，就会试图消极地反抗，比如做事打个折扣、离岗等，似乎这么挣扎过了，才能安心于处境。这是什么心理？我应该是自卑 + 表演型性格的人吧？

答：你这是在心理上保护自己，不至于让那些你不愿意但又不得不做的事情伤害到你的心理结构，你反抗了，就是在心理上向自己证明：你没有因为利益或别的原因而把自己给卖了。

这是正确的，不要觉得自己怪。它的负面效应是你这样一直玩下去，会有心理冲突，它会放大、折磨你。

所以，最好的办法，不是这样，而是：澄清你要做这件事情的意义，因为如何如何，所以你必须做，这样，你就不是被迫带着心理保护去做。

4. 在别人没有看见你的时候，训练能力！当别人看见你的时候，表演能力

问：请问老师，在乎别人对自己的评价，听到自己的不足就会暗暗努力修正的属于哪种心理？

答：你在心理上真是狡猾的，而且，只要努力，注定不是平庸之辈。相信我，没错的。

我教你一招来了解自己。

你在乎别人的评价，表明你追求优秀一些，但对自己没有足够的自信。

但听到不足时，你没有郁闷、沮丧、生气，表明你是一个敢于面对自我的人，而且，你也清楚，自己有很多不足。

如果是一个不敢面对自我的人，在这个时候就沦为心理动物了，如果别人夸他，他就会很爽；如果贬他，他就会恼怒。总之，别人的话，引发的只是他的情绪，而不是引发他对自我的审视。他要靠情绪来避免别人和他自己接触到他的内心！你看，他的心理保护，是不是玩得太夸张了点？

一个人有没有出息，最关键的一点，就看在心理上，是不是要阻止自己

去面对自我。

而你为什么听到自己的不足，就会暗暗努力去修正？事实上这是在告诉你，你其实在内心里也知道自己的不足，并愿意去修正，只不过，平时你有惰性，没有给自己压力，把它给忽略了。但当它暴露在别人面前时，你知道不修正不行了，因为你的这些不足，暴露在了别人面前，你在心理上、价值上都处于劣势。

为什么是暗暗地修正呢？这涉及你的一个秘密：在和别人打交道时，内心里有着防御，害怕成为透明人。你追求一种你在干什么别人不知道，但当出现在别人面前时，让别人大吃一惊的那种快感。

一句话，当你不足以在心理上、价值上占优时，你不愿意让别人看见你，而当你在心理上、价值上占优时，你会把自己亮出来。

所以，在别人没有看见你的时候，训练能力！当别人看见你的时候，表演能力！

5. 无知有救，愚蠢没救

问：无知和愚蠢有什么区别？

答：无知是用来描述智力结构的词语，就是在头脑上你不知道而已，没什么丢人的，只有不敢承认自己无知才丢人，但“不敢”，已经是一个心理问题了。

和无知不同，愚蠢同时是智力结构、心理结构的概念。它说的不仅仅是一个人不知道，而且在心理上也预设了自己知道，并且阻止自己去知道！

所以自作聪明、自我感觉良好、自负的人，其实都是愚蠢之徒。

6. 敏感，就是你害怕被伤害，所以先要认为别人是在伤害你

问：我很敏感，我不知道我怎么了？

答：我也不知道你怎么了。但我知道，你的敏感不是你头脑敏锐，而是你心里有焦虑，甚至有恐惧，你害怕某些事情的发生打击到你，所以你要主

动进行心理防御，避免到时猝不及防，受到伤害，所以，有什么苗头，你马上就认为是这些事情发生的征兆。

我不知道你意识到没有，你在敏感的时候，是一只心理动物。

7. 当我们很迟钝，我们就是在装看不见世界的危险

问：老师，我一直觉得我是一个迟钝的人，别人讲什么，我半天都反应不过来，我怎么改变自己啊？

答：看来你知道自己迟钝可能不是头脑的问题，而是心理的问题。申明一下，头脑的问题我是没办法的。

迟钝在心理上是什么意思呢？就是你封闭自己，害怕和世界关系介入太深，宁愿活在自己心理的一亩三分地。你之所以对别人讲的半天反应不过来，其实是你害怕反应过来会有什么后果。你的迟钝是在对世界的危险闭上眼睛。我不知道你在以前发生过什么，但可以肯定：你对和别人打交道不适应。

如果你还有一个朋友，多和他交流吧，尤其是争论一些问题。

8. 一个人只会抓住他在心理上能抓住的东西

问：为什么很多 90 后那么短视，只想享受现在不去想将来啊？

答：很简单。他们成长在一个变化非常快的时代。变得太快意味着什么？意味着很多东西，尤其是“未来”的不确定性增大多了，人在心理上无法抓住他。

但“现在”是确定的，因此在心理上也是可以抓住的。

那么，从心理保护而言，为什么要去想根本不确定的“未来”，而不是享受“现在”？

如果还不明白，那你想想，当一个社会不变时，未来是不是可以确定的？就是说，日子只是周而复始，明天是什么样，未来是什么样，你可以看得清清楚楚。

但如果社会变得太快，明天是什么样你就不知道了。

9. 出轨不一定是婚姻不如意，而是不去占有偷情的经历，他们感觉人生会有遗憾

问：我是男的，在一家公司当中层管理人员。为什么我有一种白活了那么多年的感觉？

答：一个人的人生是由经历构成的。那些影响过我们，让我们成为某种样子的经历，一定是“心理上的经历”，它冲击、改变过我们的心理结构。

有的经历对我们的心理结构没多少影响，比如我们每天上下班，看见那么多的人、碰到那么多的事，它们只会在我们的智力结构和心理结构表层停留一下，然后像烟一样散去。

正因为经历对于人生来说是如此重要，而你特别看重某些还没有的经历，所以感觉白活了。

另外我想说一下，很多男人女人蠢蠢欲动想出轨一次，并不一定和婚姻不如意有关，而是想着去占有“偷情”的经历，这样人生似乎才不留下遗憾。

10. 喜欢围观的人，内心里有破坏性，不敢去围观的人，骨子里害怕暴力

问：出了什么事，很多人喜欢去围观，但我每每看到这种场面，都想走开。这是什么心理？

答：表明你内心懦弱，骨子里害怕暴力啊！

鲁迅老前辈曾经说围观者就像一群被人提着脖子的鸭，这是文学描述。从心理分析上，其实我想说，围观者是一群心理阴暗、内心深处有挫败感、一直想发泄、想破坏的人。而无论别人出了什么事，他凑上去看热闹，就变相地满足了这种阴暗的心理，因为发生这类事正是他内心所希望看到的，他可以从围观中得到发泄，而且没有任何风险。

那些不想围观的人呢，比如你？

你会害怕暴力。原因是，你害怕一种不可控制的、可能会伤害到自己的庞大力量。而围观的人组成了一个这样的群体。围观时，可能人群沸腾，可能不可控制地出现乱成一团的局面。所有这些，都对你构成了一种威胁。

那么，出于心理保护，你会主动躲开这种威胁，就是不去围观。

11. 当你觉得别人有哪儿不对劲时，请抓住你的感觉

问：我一个同学，平时彬彬有礼，温和谦逊，待人非常客气。但是在散打考试中，打人打得非常凶狠，令周围的人都很吃惊。他是什么心理？

答：这个人提醒我们，要注意的是一个人真正是什么样子，而不是他看上去是什么样子。要不然，我们哪一天在他手上吃亏都不知道。

就是说，我们看一个人，不要以为看他表现出的是什么样子就完了，那可能只是一种伪装。我们可以从他的表情、语言、动作等捕捉到他的内心，以及他是一个什么样的人。

这里有一个简单的方法：当一个人在你面前出现时，无论扮演的是什么角色，只要在表情、语言、动作上玩得稍微夸张一些，以致你内心感觉到有点不真实，或有点别扭，那你一定要注意了，要抓住你这种感觉，因为它告诉你，这个人表现出来的，不是他真实的样子。

接着，你可以用心理分析，来破译他到底是什么样的人，想干吗？

说一说你这个同学。他彬彬有礼，温和谦逊，待人非常客气，嗯，看上去简直是君子的典范对不对？人们很吃这一套。但是，有点不对劲啊。

因为，我们和一个人交往，要么是人格的交往（比如朋友之间），要么只是角色的交往（比如和客户）。虽然交往要借助于表情、语言、动作上的礼貌和客气来作为润滑剂，但两个人的交往毕竟要么就冲着关系来，要么就冲着利益来，而不是冲着这一套礼貌、客气来。

所以，如果是人格的交往，在表情、语言、动作上玩得这么夸张，就喧宾夺主，把关系拉远了。角色的交往呢？这恰恰是对背后心理动机的一种包装、掩饰。比如，你有求于某个人，当然就使劲地讨好他。

你这位同学当然不是在和客户进行交往，而是和同学、老师、朋友交往。这样玩说明什么？

说明他一直没有学会让真实的自己去和别人打交道！他或者害怕得罪人，

或者害怕自己显得不礼貌，从而有道德压力，一直在压抑自己！而对自己的压抑，在心理结构上对自己就是一种杀伤，基于心理保护，他就会产生攻击性，无论是攻击自己，还是别人。

如果是攻击自己，那么，在别人没有看见的情况下，他就会倾向于这样做。如果是攻击别人，在获得了合法性的保护的情况下，他也会倾向于这样做。

非常幸运。散打，无论按照游戏规则，还是大家的价值观念，都可以攻击别人。于是，他终于不再压抑自己，爆发了，把真实的自我暴露了。

12. 男人之间有敌意，女人之间有妒意

问：我看到这些话，觉得有道理，但不知为什么，想向您请教。请不要无视我！

这些话是：

a. 一个女人如果想要诱惑一个男人——简单；

b. 一个男人如果想要诱惑一个女人（不用物质诱惑）——困难；

c. 一个男人想要诱惑一个男人（不用物质诱惑）——找打；

d. 一个女人想要诱惑一个女人——似乎也很简单。

答：嗯。我重视你的存在。

a. 是对的。因为在心理上，男人对于女人具有占有倾向，送上门的，迎合了这一点，所以简单。

b. 也是对的。因为它违反了心理契约和社会游戏规则：女人不是白给男人的。

c. 也是对的。因为陌生的男人和男人之间有敌意。

d. 就错了。情况很复杂。而且，往往一个女人很难诱惑另一个女人，因为她们之间有嫉妒，在心理上预设了对方是竞争者！

13. 一个人懒惰，往往是现状让他还感到安全，而不是危险

问：我很懒惰，请问如何克服啊？

答：一个人懒惰，有三种情况。

一种是他有深深的失败感，对自己失去了信心，在他看来做什么事都没意义，改变不了什么，所以在内心里说服自己，没必要做了。懒惰就是这种心理的表现。

另一种是他觉得自己现状不错，自我感觉良好，不想改变什么，也害怕改变什么，懒惰就可以让他躲在现状下，一直享受安全感。因为如果做什么，就破坏了这个现状的秩序了，他会有不确定性、不安全感。

还有一种，就是知道自己在某些方面不行，但对现状暂时还算满意，而且还有幻想，有依靠，所以虽然明明知道这样下去，自己迟早会被人抛在身后，但还是安于现状，不想努力，因为事情似乎还没逼到那一步。

我想你肯定属于这种情况。因为第一、第二种情况的人都不会想着要克服懒惰。

方法是很简单的，和那些超过你几个等级的人比一下，你混得如何？你有懒惰的理由吗？那么，你想做什么？马上就去做！

14. 小人在暗处暗算别人时，他内心其实很恐惧

问：老师，小人和恶人有什么不同？他们都喜欢攻击别人。

答：我不仅要回答你，而且要让你看到一种可怕的心理规律！

先来看小人。

小人是在暗处攻击一个人对不对？而且，在攻击时，他并没有表现出明显的攻击性情绪和姿态，比如愤怒、恶狠狠。为什么呢？这是因为他获得心理优势，是靠他在暗处、别人在明处来帮忙的，不是靠凶狠这类攻击性、毁灭性力量来帮忙。

那就意味着，小人在暗处暗算别人时，他内心其实很恐惧！

他根本不怕你也在暗处和他玩，因为这样对他没有威胁，他是安全的。但是如果你不按他的游戏规则出牌，直接就表现为对他暴力的威胁，他的恐惧就被激活了。

我的意思当然不是说你面对一个小人，只有采取暴力。注意原理，就是打破有利于他的游戏规则，即他在暗处。你和他面对面，当着很多人的面公开来，他也会发抖的。

再来看恶人。

恶人的攻击性，直接体现为暴力。为什么他要玩得这么夸张啊?

我在《世界如此险恶，你要内心强大》中讲到死亡恐惧时，其中有一段经典名言还记得吧? “有的人之所以不怕死，是因为他在心理上就是死亡本身！”我记得小时候，曾经看到有邻居为了壮胆，去坟墓边睡了一夜!

恶人凶狠，就是这么一个原理。

我们先从特征上进行描述。恶人眼神凶狠，说话简洁、有力、狠毒对不对?

眼睛就不说了，直接就可以看出。我们进行语言分析!

说话简洁、有力、狠毒，什么意思? 简洁而绝不拖泥带水的语言，具有力量感，对他人构成心理震慑！他表现出这种凶狠、力量感，就是把自己当成威胁、暴力、死亡本身。

你想一下，此刻他能体验到恐惧吗? 明显没有了，因为他就是一种能量，一种威胁他人的能量。

好，来看一种可怕的心理规律。

想一下，如果恶人不表现出恶来，即体验不到对世界的仇恨、攻击性，会有什么事情发生? 显然，他就会被迫面对他那个已经玩烂的自我。那么，内心就会有一种力量，谴责他把自己搞成了这种存在的败笔！他不敢面对这一点，所以，必须强迫自己保持恶人形象。

那么，一个人为什么会成为恶人呢?

没有天生的恶人。当我们说“某人天生就是一个坏坯子”，这是一种情感上的夸张表达，不是标准的事实判断。

接下来就很容易理解了，这方面，你可以展开想象。比如，某个人之所以成为恶人，是因为受家庭、朋友的影响，在各方面受挫，等等。

我们关心的是，当他踏出恶的第一步时，在心理上会发生什么?

发生的是这件事情：一定会有内心的声音谴责他，因为这么干，他就成了一个坏人，而他来到这个世界上，按照存在的规定性，他不应该成为这种人的，无论以什么理由。

于是，他有道德压力！

如何消除这种道德压力？

他不敢面对自己，因为一面对自己，他就会恨自己，因为无论可以找出外在的何种理由，他的自我、良知、人性的确是被他干掉了。那么怎么办？解决办法就是继续仇恨外界，因为他成为一个恶人，有外界的引诱逼迫之类因素，而更重要的是，他会把恨自己转化为恨外界：都是你们把我逼成一个残害自我的人的！

看到没有？一旦这样，他就给自己下套了，越恶，越不敢面对自我，而越不敢面对自我越恶，最后终于成为一个人渣！

15. 我们为一件事激动，是因为心里仍不敢相信这是真的

问：有人激动，手就会抖。为什么？

答：先描述一下激动导致手抖的现象，我们想象一下这种情境：

比如你高考时，本来觉得好像考不上北大，但突然之间，有人告诉你考上了，你看了一下果然如此，于是，激动万分，手抖了。

激动导致手抖，大多是在一个结果出现时，大大超出了你的期望，或者你根本没想到，对不对？

如果你早知道会考取北大，肯定就很淡定，是不是？

所以简单的解释是：一个人把原来的期待，把原来对结果的担心，瞬间猛烈地释放出来了，从而，表现在语言上、行动上，比如语无伦次，比如迅速奔跑，比如手抖。

如果你还不明白，想一想范进同学中举后的表现！他可比手抖厉害多了。

但你也应该看到，我只是谈到了激动的生理效应（手抖），却没有解释为何手抖。

好，考察手抖这个现象。在这里我不说神经方面的问题，只说心理方面的。

描述一下手抖这个现象。手不断轻微地颤抖，控制不了，精神紧张，同时，内心欣喜异常。大致是这样。

看到没有？它暴露了心理秘密了。

原因是：当结果出来时，一个人想抓住它，但那个时候，仍然不敢相信这是真的！所以，手不停地抖，就是好像还在害怕不是真的，它是一种心理保护！

还不明白？那再想一下赌桌上的人的表现！一个不是经常赢钱的赌徒突然之间赢了一堆钱时，他的手是抖的。那是因为，手抖，这一行为建构出了一个可以让他获得心理保护的秩序：他狂喜于这个结果，却害怕这不是真的，所以，不敢一把就把钱抓牢！

16. 装糊涂、扼住欲望，只是我们在解决痛苦时的鸵鸟战术

问：您说自己的内心强大理论、心理分析理论有哲学基础，和那些“难得糊涂”“扼住欲望”的理论有根本性的区别。我自己有一种感觉，看了那些东西，只是更加自欺欺人、更加分裂。直到看了你的书后，才豁然开朗。但我不明白，它们理论上的软肋何在？

答：它们犯了一个简单的逻辑错误。

所有鼓吹“难得糊涂”“扼住欲望”的糊涂主义、禁欲主义理论的路数是：扼住你的思想、感受能力、欲望，似乎你就没有痛苦、没有约束了。它潜在地把人的思想、感受能力、欲望看成是痛苦和被束缚的根源，却不知道，思想、感受能力、欲望本身并无痛苦不痛苦一说，而且它们还是一个人实现自己的人生价值或过一个好的生活的条件，只是，会受到外界的刺激或束缚。

“糊涂主义”“禁欲主义”理论在此采取了鸵鸟战术，退回来，并把思想、感受能力、欲望所受到的束缚，偷换成它们本身就是束缚。

17. 我们越把别人的缺点分析得头头是道，越是为了掩饰自己不敢面对的缺点

问：我是自卑型性格，20岁，女。请教您几个问题，我很困惑，想要改变，需要帮助！

a. 为何对于有些人，我会故意装作对他们很冷淡甚至无视，其实我时刻在想着他们，不小心与他们的眼神接触到我会立马看向别处，并希望他们不要以为我刚才是在看他们？

b. 为何我宁愿误导别人也不愿意让别人知道我真正的想法？

c. 为何我完全没有达到自己理想的样子，却看不起别人，把别人的缺点分析得头头是道？

答：你确实是自卑型。

问题a。这“有些人”，一定是你的亲人、朋友之类，而你或是情况不如意，或是有过什么伤害，或内心里在他们面前自卑。你骨子里其实希望他们来尊重你、关心你，希望和他们友好地在一起，但你有很强的自尊心，不想把内心的弱小、伤痛等暴露在别人面前。一旦你和他们是正常的关系，由于比较了解你，那么，他们的目光，就会像看到了你的内心一样，你很难承受这样的目光。所以，你要有一个心理保护，就是虽然内心想要，但在表情、语言、动作上要装，要“抗拒”别人，躲开那些目光。

问题b。你属于善良的自卑人。你对外界没有进攻性，但害怕受到伤害，受到攻击，而如果受到攻击，你很难抵御。那么怎么办？只能是把你的自我隐藏起来，不让别人看到。这形成了你在和别人交往时自我保护的方式。所以，哪怕你误导别人，甚至欺骗别人，也不能让别人知道你的真正想法，因为你的真正想法就代表了你的自我，一旦别人知道，你就危险了。

问题c。你看不起别人只是看不起自己的一种投射。你越是把别人的缺点分析得头头是道，越可以对自己的缺点进行掩饰。所以，当你看不起别人，分析别人的缺点的时候，记住，在你心理上发生的事情，其实和别人没关系，你只是玩了一下这类心理花招，不敢面对自己的缺点啊！

我对你的建议是：

和自己在黑暗中独处半小时，次数不少于三次！

看我的书，学会分析、澄清自己的心理问题！

多和别人交流，勇敢地把自己的真实想法说出来，并无畏地用目光迎接别人的目光！

让自己成为众人的中心两次以上，训练表达能力和交往能力！

树立一个目标，每天坚持做！

18. 我们看到一个人病恹恹的样子很烦，是因为我们害怕像他那样

问：我看到有人病恹恹的样子，就会有一种焦虑，就想对他发脾气，如果他是我的亲人，就更加明显。我没有心理问题吧？

答：你没有，大可放心。但也轻微地暴露了你是一个自我中心主义的人，有一点点自私。

想一下，当我们看到一种并不“美”的东西时，会产生不良情绪，而看到美的东西，会感觉挺爽，比如天气好，你心情也好；天气不好，你心情也压抑，是吧？

这仅仅是对自然景物而言，我们知道，审美的同时，人会产生相应的情感反应。

对于道德判断来说也一样，道德判断也会产生心理效应，比如有相应的感情，对于坏的东西，我们会产生恨，而对于好的东西，我们会由衷地赞赏。

就是说，审美和道德判断，会在心理上产生相应的效应。

对于人来说，当一个陌生人病恹恹的样子出现在你面前时，除了审美（在这里是丑）上的原因，还有另一个原因让你烦，就是他的样子对你的身体构成了一种暗示，你害怕自己的身体也像他那样。但你必须否认这一点，对自己进行心理保护。所以，就以对他很烦的样子体现出来。

而对于亲人来说，意思又多了一层。亲人的样子让你担忧，你不想被这种担忧烦恼，为了让自己好过一点，在心理上就有一种攻击他让你烦恼的样

子的冲动。

19. 当两个人做不成朋友时，内心里一定先有这种感觉，即对方变化太大

问：老师，能不能举一个非常形象的例子来阐述“打破心理预设”的原理？

答：请想一下，假如你在街上看到前面有一个美女，不排除有摸她一把或 XXOO 的冲动，是不是？嗯，伟大。但是，假如她突然在你面前脱光衣服，并冲着你大喊：“来啊！XXOO 啊！”你一定突然之间傻掉了，失去了兴趣，并且也不敢，对不对，这是为什么？

为了最大限度地逼真，我们还可以让它换一个环境，比如是在房间里，在那一瞬间，你仍然傻掉、失去兴趣，不敢对不对？

很简单，你的心理预设是：她是弱者，她可以这样被你 YY 或性侵，你淫笑着按自己的心理预设想象、行动……可是突然之间她换了一个形象，震慑了你，把这个心理预设打破了，在那一瞬间，你再也无法按原来在心理上建构的和她的关系来进行！

从这个原理，我们还可以看出：当一个人以某种形象和你打交道，你在心理上已经习惯了时，如果他突然之间换了一种形象，你会极不适应。

那么，对于朋友，你最好是以让他熟悉、已经认同的一面来对待他，要知道，当两个人做不成朋友时，内心里一定先有这种感觉，即对方变化太大！

而对于你的博弈对手或要整你的人，你就要善于打破他的心理预设！

20. 一个女人的控制欲，往往是她对“窝囊”男人的报复

问：老师，最近发现控制欲极强的女性往往有一个性格懦弱的男友或老公，这当然符合其性格。这种女人往往极其屈服于价值排序、势利而虚荣，不过令我奇怪的是，为什么她们没能够找到一个有能力或家庭有背景的男人，按照她们的价值观而不考虑性格因素，那种懦弱无能的男人实在无法入她们的眼。这是否意味着，在择偶的时候，更多的是性格在起主导作用？

答：可能最优先的解释是实力原则。有能力、有背景的男人，没人喜欢一个控制欲强的女人，除非她们美若天仙。但现实是，美若天仙的女人，更少控制欲，即使有控制欲，也是玩大的。而我们所看到的那些具有控制欲的女人，不是为了玩大，而恰恰是为了安全感。

就是说，以她们的档次，她们找不到更好的，虽然她们想找好的，看不起窝囊的，但没办法。

而找了以后，屈服于价值排序，骨子里还是看不起窝囊的男人，但又知道自己没戏。这个时候，控制这个男人，一方面是出于报复（谁叫他们让她们失望，没能满足她们价值排序的愿望呢），另一方面是出于安全感，获取自己可以掌控所涉领域的感觉，相当于一种变相的补偿。

21. “悍妇有悍女”的秘密

问：我观察到这样的一个现象，强势母亲的家庭往往会有一个强势的女儿，或懦弱的男孩。为什么？

答：你还可以观察到，在这样的家庭里，还有一个窝囊、懦弱的父亲！

为什么呢？我们可以看出，这位强势母亲是社会价值排序的忠实粉丝，会使劲拿自己老公和别人比，结果非常失望，基于心理保护，因此一直看不起窝囊、懦弱的丈夫，最后发展到有嫁给她老公非常亏的那种“受害感”，从骨子里不信任男人，把男人看成是可操纵或防御的对象，整天充满怨气，以报复她老公为乐。

她这样也就罢了，还根据性别，把自己和老公的关系投射到了子女身上，从而把女儿看成是和自己一伙的，是补偿自己人生失败的希望、报复男人的同盟。因此，她把女儿变得跟自己一模一样，似乎只有如此强势，才能在以后不吃男人的亏。

所以我敢断定，这类悍妇，不仅当着女儿的面说过老公的坏话，甚至会教唆女儿去说老爸的坏话！

而对于儿子，因为是男人，她已经忘记了自己是个母亲，而把儿子看成是他父亲那边的人，属于要打击、操纵、提防的对象！

22. “外向”的意思是：如果一个人不把自我亮出来，他就等于不存在

问：很多人最喜欢说，“我性格有点内向”“我性格有点外向”。性格的“内向”“外向”是什么意思?

答：所谓“内向”“外向”不是性格的类型，就是说，一个“内向”的人，可能是自卑型性格，也可能是攻击型性格，而一个“外向”的人，可能是表演型性格，也可能是炫耀型性格。

严格来说，它不是什么性格倾向，“内向”“外向”反映的不是一个人的性格特征，而是一个人在心理上和世界的关系，是他的一种心理倾向！“内向”就意味着，他害怕把自我暴露出来，因为他在心理上无法控制自我暴露出来的后果。而“外向”则是，如果他不把自我给亮出来，他就体验不到他的存在！

23. 认为世界不值得认真对待的背后是一个人怕被伤害

问：自称“屌丝”，这是什么心理?

答：想一下，当“穷光蛋”和你扯在一起的时候，你只有在哪种情况下才不受伤，是在你自称“穷光蛋”的时候对不对? 因为虽然这三个字给你羞辱，但你都先对自己下手了，对别人有威慑力了，相形之下别人对你的羞辱（骂你是“穷光蛋”）也就没什么威力了。

但这是通过某种轻微的心理变态来做到的，就是以前我说的“在精神上自残”。

自称“屌丝”，是一种自嘲，含有一点点这个意思，但主要不是这样，它还有另外两个重要的元素：戏谑、时尚。

先说戏谑。如果我们把很多事搞得很认真，是不是容易受伤? 搞得认真的意思，其实就是你真正投入了情感、智力、自我。而不认真呢? 就不会受伤了。因为我们越是把实际的生活状态游戏化，在心理上，离真实的自己似乎就越远，

自我也难以受到打击。所以现在很多人倾向于认为这个世界不值得认真对待，这是一种心理保护。

“屌丝”就是这样搞出来的，而且是一种戏谑。

再说时尚。一种东西，无论是高档的，还是低档的，只要和时尚沾边，价值排序并不是最低的，所以无论是自称“屌丝”，还是别人叫自己“屌丝”，虽然含有贬抑性，但都算不上羞辱。

还有一点挺有意思的，“屌丝”抹去了“穷”“富”这些刺激性的字眼，因此不再对应现实中的阶层对立，而变成一种狂欢了。在大家狂欢的时候，如果一个人是个有点钱的市侩，以骂“穷光蛋”的语气和表情骂“屌丝”，不觉得自己是个土暴发户吗？

问：为什么单独说“穷”“矮”“丑”，在心理上对一个人有打击能力，但把三个字连在一起搞成“穷矮丑”，怎么感觉就好玩了，没多少打击能力了呢？类似的还有“羡慕嫉妒恨”。为什么？

答：把“穷矮丑”这三个字连起来，构成了一种不适当的夸张，获得时尚、自嘲的效果，也就把单个字对人的心理打击效果弱化了。

“羡慕嫉妒恨”也是如此。当我对你说“我好羡慕你啊”“我好嫉妒你啊”“我好恨你啊”，意味着，在你面前，我心理上、道德上都处于劣势，对吧？

所以，如果我确实羡慕你、嫉妒你、恨你，我可能不敢公开说。

但是，当我把它们连起来变成“羡慕嫉妒恨”后，它们就时尚化、戏谑化了，就给了我保护，成了我可以合法地说出来表达对你的不爽的一个幌子，而你也不会受伤。因为你和我都认同了时尚、戏谑的游戏规则。如果我在说的时候，还玩一种猥琐的形象，那就更是如此。

一个人以开玩笑的方式来合法地攻击另一个人，而对方也不能生气，原理与此相似，即在此游戏规则下，某些话说出来，你是不能认真对待的。

24. 我们可能和一个人没什么关系，但我们的存在，会让他在心理上和我们有什么关系

问：为什么我看到一个五六十岁老太太身材不错，打扮时尚，但脸上实在已经太老（比如晚上在广场上跳舞的那些），就觉得很厌恶?

答：嗯。那你看到的老太太如果身材臃肿、打扮得很普通，你一定没有任何感觉!

知道为什么吧？我来给你解密。

弗洛伊德有一个理论，就是用“性”来解释很多人的心理，这当然太夸张了，但也只是夸张，并不全错。

你不是高僧，也不是柳下惠，所以，当你看到一个身材不错、衣着时尚的女人时，无意识地，你想要干什么？我想，你懂的。

但当你的心理能量被刺激出来时，出现在你面前的，是一张非常老的脸!

可怕吧?

身材、衣着时尚和脸的这种强烈反差，一定会让你突然泄气！而当一个男人的某种生理—心理能量被激起来的时候，他最恨的就是被打断！这一点，你也懂。

那么，剩下的事情就清楚了，你喜欢对年轻而身材不错的女人 YY，为了在生理—心理上保护自己，就不愿意有这种事情发生，即一个人身材好、衣着时尚却有一张苍老的脸！因为她会威胁到你，所以你预先采取了心理保护策略，先厌恶她！所以你一看到这样的老太太，就条件反射般地厌恶起来了。

当然，人家老太太爱穿什么是她的自由，你这种心理是很阴暗的，要接受社会主义思想道德教育。

我相信，假如有这种事情发生的话，你不仅是厌恶，而且甚至是怨恨，有被耍的感觉：你正对一个衣着时尚、身材不错的女人 YY，她一回头，居然是个老太太!

而你对身材臃肿、衣着普通的老太太之所以没有任何感觉，是因为你完全不用在心理上防御她。

我想，从你这件事中，你一定明白了一个道理：我们也许和一个人从来没有什么关系，但是，我们的存在本身，使他偏要和我们发生心理上的关系；然后，他在心理上经历着我们不知道的事情，恨我们或喜欢上我们。

25. 一个不懂礼貌的人，其实也是一个不懂人类心理的人

问：为什么我帮了别人，得不到一句“谢谢”就很不舒服？但过后，看到有人需要帮忙，又去帮。

答：那是因为，当你开口对别人说话，对别人做出某种行为的时候，已经在心理上预设了别人应该如何回应你。

比如，当你友好地和一个人打招呼，在心理上已经预设了他应该对你报以“你好”之类用语，而不是当你不存在。

同样，你在帮别人的时候，心理上也预设了应该得到一句“谢谢”，而不是觉得理所当然。

别人不报以一句“谢谢”，就相当于打破你的心理预设了，显得你一厢情愿，你的自我暴露在了他面前，像一个傻子一样，而别人可以随时嘲弄。这种情况威胁到了你的心理生存，所以你很不舒服，甚至有隐隐的怨恨。

这些不懂得“谢谢”，可以说没有什么教养的人是很讨人恨的。他们不明白别人帮他一次，是冒着一些风险，包括心理上的风险的，他至少有道德义务来解除别人这种心理上的风险。

想一下，我们为什么会有这样的心理预设呢？

有两点：当我们对外界说什么、做什么时，相当于，已经向外界敞开我们的自我了，把它押了上去；同时，我们所说的话、所做的行为，如果不带来效果，类似于一拳打向虚空一样，会有一种挫败感。所以，它们在发生时，需要同时得到心理上的保护，所以在心理上预设了应该得到什么回应。

一个不懂礼貌的人，其实也是一个不懂人类心理的人，反过来也大致如此。

26. 如果有人对你表示失望，你要看一下，是不是他和你签订了一个心理契约

问：我入职场两年，女的。有一个和我关系一般的朋友，因为我做事讲究原则，对我表示很失望。估计她不再愿意和我来往。我想了一下，自己并没有做错什么。但是不是我的为人真有问题呢？求解答！

答：我估计有你这类困惑的人不少。所以，先让我们看一个心理规律：心理契约。

当一个熟人因为痛苦而向我们倾诉时，他在心理上已经预设了，我们会倾听，值得他信任。

但不仅如此，他实际上还和我们签订了一个心理契约，希望我们能够安慰他、替他保密。

如果我们一脸不以为然，表现得很不屑，或者背后把他的痛苦当笑话说，那就相当于一脸无赖相地对他说："你太傻了，你看我像可以让你信任的人吗？我反而会耍弄你的痛苦！我可恶吧？哈哈！"

这是对他单方面签订的心理契约的无耻违反。结果，只能是招人恨！

有些心理契约是很明显的，比如，当领导对你说"好好干，我看好你"。他就是在公开地、单方面地和你签订一个心理契约！

如果你的回答是"嗯"或"谢谢领导，我一定好好干"，那你就相当于明白了他的意思，在这个心理契约上签字了。如果以后你的表现不行，那就等于违约，你知道后果是什么。

但很多心理契约并不明显，要细心捕捉。

一个人为什么喜欢单方面和别人签订心理契约呢？想一想法律上的合同的功能，是用来确定 A 人和 B 人之间的权利义务关系对不对？心理契约，其实就是一个人在心理上，单方面地确定他和别人的权利义务关系。

这么干，就是一种隐秘的心理保护：A 觉得 B 的存在对他有心理上的意义，甚至比较重要，那么，A 害怕 B 的表现不符合他的希望、期待，从而打击他的心理结构，所以，预先采取了一个心理保护的策略——就是把"你应该符

合我的期望，当然啦，我也会以赞扬、信任，甚至帮助回报你的”这一权利义务关系在心理上固定下来，变成合同条款，一旦 B 违反了，A 就有理由豁免自己的责任（本来就是他想要别人怎么样的），而是 B 的错。他在进行心理保护时，无论是对 B 埋怨、攻击，还是疏远，都占据了道德优势、心理优势。

你的那个所谓朋友，其实就和你单方面签订了一个心理契约，希望你的表现符合她的期待。但你显然不符合，于是，她表示失望了。

心理契约是 A 在心理上单方面地希望、期待、要求 B 如何，在有些情况下，这是无可厚非的，因为 B 确实应该做到 A 所希望、期待、要求的。比如，父母虽然没有给我们说，但确实希望我们抽空回去看他们，如果我们不回去，他们会很失落。这种心理契约并没有什么错，因为履行契约是我们的道德义务。

但是，像你这类情况，你对那个所谓的朋友没有什么道德义务要符合她的期待。

我们为什么要去迎合别人？除非他对我们在心理上和利益上都很重要。

我建议你根本无须再理她。因为，她并不尊重你，她在心理上预设了，你只是满足她的价值观、利益立场、趣味、心理需求等的工具。在她的心里，只有你是否让她“失望”的概念，没有你的位置。

我想说，如果一个人真正尊重你，拿你当朋友看，关心你或可以帮你，那么，即使你让他失望，他也不会马上就直接对你说！

我们要做的，只是在这类人开始失望的时候，马上就意识到这一点，并进行补救，避免他对我们绝望。

27. 即使是一个真实的演员所说的话，也是当不得真的

问：我是女的，20 岁。我发现很多人说的话都是不算数的，即使是在他好像很真诚的时候也一样！

答：嗯。但可能有几种情况，一种是随便说说，应付应付，一种是故意欺骗。这两种情况，一个人都明白他在做什么。但还有另一种情况，他不一定明白。

看过下面这个故事，你就知道了。

曾经有几个“官二代”到井冈山接受革命传统教育，感受革命先辈们为了人民的幸福和解放而流血牺牲的崇高精神。听着革命先辈们的事迹，有的“官二代”掉下了眼泪，在谈心得体会时，有人甚至表示，回去不再贪了。

这是不是太假、太会演戏了?

但我可以保证，这些“官二代”说“回去后就不再贪了”，在当时是真的，和他们在会上做廉政报告不是一回事，他们在心理上确实体验到了革命先辈们崇高精神的召唤，心灵受到了洗涤。但是，我也可以保证，他们回去后，只要机会许可，照贪不误。

为什么呢? 原因很简单，他们进入了一个“剧场”，这个剧场的情境，是用革命先辈们的崇高精神营造出来的。“官二代”在心理上体验到了这一情境，使自己的心理结构与这一“剧场”对应，所以，他们为人民服务的崇高精神被召唤出来，他们的贪污有了巨大的道德压力，而流泪、表示不再贪污，正是心理上的真实表现。所以真不是故意，而是在那个“剧场”中，投入地扮演一个真实的角色。

然而，千万别忘记了，这种心理只是“剧场心理”。回去后，这个“剧场”消失了，变成了另一个“剧场”——更大的、更真实的“剧场”，他们又会拥有另外的“剧场心理”，扮演另一个真实的角色，或虚假地扮演一个廉洁的角色。

这个故事告诉我们：当一个人说话，受到了某种激情、爱心氛围、道德压力的影响，是当不得真的。

因为，他在当时，只是根据心理所体验到的东西来演出。那是一个真实的演员在说话，不是他本人在说。换了另一个情境，这些话他就忘得一干二净了。

28. “国家”在心理上，是无数人的“母体”

问：现在“公知”（公共知识分子）和“五毛”（网络评论员）在微博

上打来打去的，很热闹，你如何评价这两种人?

答：在涉及心理的时候，我只搞技术分析，不想评价谁好谁坏。而涉及政治经济的时候，我只关心问题。所以我对这两种人保持沉默。

但我可以告诉你一个秘密："国家""民族"之类东西，对于一个人来说，在心理上实际上是一个"母体"，说得形象一点就相当于是"母亲"。你生活在哪个国家、民族里，你对它不可能没有"感情"和"态度"，即是反对呢，还是认同、维护。

好。假设有两种人，相互之间在"国家""民族"这类概念的背景下攻击性很强，彼此充满恨意，一个是骂，一个是维护，那么，在心理上就可以说：

前者恐惧于和一个"坏母亲"认同，因此把自己给卖了，并攻击"坏母亲"，理想化别人的"母亲"，就相当于是自己的"母亲"一样。

后者呢？是恐惧于得不到爱，而要把自己给卖了，认同一个"坏母亲"，把她认为是"好母亲"。

29. 失恋后马上爱上一个人，其实只是要疗伤而已

问：我经常做很多一厢情愿的事情，最后搞得很尴尬和受伤，为什么会这样？怎么避免？

答：你在很多时候沦为心理动物了，经常玩"移情"大法。

什么是移情？很简单，就是一个人把对某人或外物的情绪、情感、理念、观点、态度、信仰等东西转投到另一人或另一物身上，由此让被投注的此人或此物，取代原先的彼人或彼物。

它的路径是：由 A 出发，投向 B。

比如，你失恋了，有一个男人来关心你，突然你爱上了这个男的。

不奇怪吧？你不一定是真爱上了他。真相可能是：原来的那个男人离开你，让你痛苦，但这个男的，填补了原来那个男人在你心中的位置。他是对你的伤的一种治疗。

30. 经验在很多时候其实就是一种运气

问：常听人说“我的直觉告诉我……”他的直觉能告诉他什么？

答：这个问题挺有意思。我认为心理分析的一个崇高境界就是形成直觉能力，一眼就看穿，马上就直觉到。干了蠢事才后悔，有时候已经来不及了。

有四种常见的直觉。

第一种是具有逻辑必然性的。

非常之准，至少可以达到 99.99%。这是长期的分析训练的结果。原理很简单，比如要得出结论 P，我们首先经过了一系列的推理：因为 A，推出 B，推出 C……推出 P。但如果经常这样做，只要出现 A，所有的推论过程都省略了，我们直接一眼就可以看到或判断出 P！

放在对人心的破译上也是一样，我们之所以一眼就可以看到一个人语言、行为背后的心理秘密，正是用多了心理分析方法，具有了洞察能力的结果！

第二种，是经验上的。

经验上的直觉是很多人经常有的，比如以前我们经历过 A 事情，它具有特征 a，经历过 B 事情，也具有特征 a，经历过 C 事情，也具有特征 a……然后，某一天，当我们经历 P 事情时，我们马上就直觉到会有 a！

就是说，我们的经验多了，当只要再出现某件事，和过去的经验有点相似，我们的经验就可以用上，马上就形成直觉。

这种直觉有时候是准的，但有时候却不一定，它只属于“碰运气”，不具有逻辑必然性。原因就很简单了，因为 A 事情、B 事情……一直到 P 事情，只是有点相似，但并不是同一件事情，也就是说，在逻辑上只是相似，不是等同，所以，虽然 A 事情、B 事情都有特征 a，但 P 事情真不一定有特征 a。我们因为经验，以为现在出现的一件事情，也像过去一样，那就有可能犯错误。这就是经验虽然有些可靠，但并不保险的地方。

一个聪明人，依靠的并不仅仅是经验。毕竟，就算你碰得头破血流，总结出了什么经验，你的人生也可能付出了惨重代价，甚至无法东山再起。而即使如此，你的经验可能也是靠不住的，一个靠不住的经验，有时候会让我们吃大亏。

所以，我们需要这种直觉，但不能主要依赖于它，因为有些亏我们吃不起，也没那么长的时间去耗。我强烈推荐第一种直觉，虽然要达到它并不是那么容易。

我们常用的直觉，其实就是第一种和第二种。

第三种，就是生命的自我保存本能的直觉。

在电影、电视、书以及现实生活中，我们经常看到有这样的情境：当一个人在月黑风高之夜，走在一个黑暗的地方时，他会感觉到有危险正向他逼近，似乎四周埋伏无数准备对他下手的人，于是马上做出防御性的反应；或者，当一个人和朋友坐在酒馆里喝酒时，外面突然进来了几个大汉，他“下意识”地感觉到了危险。像这些情况的直觉，就是生命保存本能的直觉。

有什么神秘吗？没有。它或者仍然来自于经验，类似的危险情境重新出现了，激活了他心理上的防御；或者，他从情境、人的表情等读到了危险。

第四种直觉，属于“心灵感应”。

说得好像和“第六感”有点类似，但又不全是一回事。所谓“第六感”，指的是在听觉、视觉、嗅觉、触觉、味觉之外还有一个所谓具有超强能力的“心觉”。而无论是我们所说的“心灵感应”还是“第六感”，都确实神秘。据说日本忍者喜欢练“第六感”，具体效果如何，能不能预知未来我没有考证过，不得而知。

对“心灵感应”的经典描述是这样：某一天，A在北京正上班时，突然之间什么都做不下，心里面非常烦闷、担心，预感到在家乡的亲人出事了，比如母亲死了。没过多久，他兄弟打电话过来，说母亲死了，你赶快请假回家吧。

有这样的事情发生吗？我不知道，反正江湖上流传着这种“心灵感应”的传说。

确实挺神秘的：两个相隔遥远的亲人，没有任何信息联系，其中一个出事了，另一个却能在同一段时间“感应”到。难道是因为两个亲人之间，由于存在情感上的强烈联系，于是，当其中一个出事时，冥冥之中便发出了一个信息，隐身于黑暗之中，迅速传达到另一个亲人那儿，而他并没有意识到，引起了心理反应？或者，由于在此之前，A一直担心母亲，心里面害怕，但也知道可能会有事，在他这种担心加重，预感到母亲去世时，母亲真的去世了，出现了巧合？

解释这一点，超出了我的能力。也许情况是，我们愿意把一些原本就属于巧合的事情弄得神秘兮兮，也许确实有很多东西我们现在还不知道。

假如存在这个“心灵感应”的话，我想，搞清它、解释它，应该是心理学、生理学、物理学的共同任务。当然，它也可以是“灵修大师”们的任务。专家们有的忙了。

拜托了！

31. 普通人再有“良知”也没人关注，那是因为他激不起大众的自卑

问：我搞不懂，为什么一些没什么名气的人做了很多有良知的事，付出了巨大代价，没人去关注他们。但一些名人不痛不痒、表演性极强地批评了一下政府，在网络上立刻就被很多人吹捧成“良知”的化身，搞得很伟大一样。

答：如果你知道，当一些“脑残粉”吹捧名人的“良知”，这种“正义感”背后是屈服于社会价值排序的奴性时，你就懂了。

为什么普通人虽然再有良知，也不会被大众关注呢？这是因为，他激不起大众的自卑，他的身份没有什么价值属性，可以让大众在心理上寄生在他那儿。骨子里，大众关注他会觉得掉价。

所谓的“良知”，不过是大众在奴性驱使下，崇拜名人时找的一个有助于自我欺骗的借口！

在这个世界上，如果有些人无法自我欺骗，他是生活不下去的。这些人，用法国智者拉罗什福科的话说，就是：“被敌人欺骗和被朋友出卖总难以释怀，被自己欺骗、被自己出卖却欣然受之！”

当然，如果一个普通人，在维权时付出了很大代价，而且被媒体聚焦，要凑热闹表现自己的“正义感”，大众也会关注他并佩服他。但是，千万记住，他一定不会像那些所谓有“良知”的名人那样被崇拜。大众佩服他，仅仅是

他的行为，激起了他们的道德焦虑而已！

32. 强势的女人会嫉恨小女人

问：我是个女的，总是受公司一位女上司的排挤、打击，但我没得罪她呀。为什么有“女强人”风味的女人，总是看漂亮、温柔的女人不顺眼？

答：在回答你这个问题之前，先想另一个问题，一个有“女强人”风味的女人，最鄙视的男人是那些做事犹豫不决、唯唯诺诺、庸俗浅薄、缺乏远大抱负、具有“女性气质”的男人对不对？

为什么呢？因为一个具有“女强人”风味的女人，在原来做女人时，有不安全感，无价值感，她受够了，于是，在心理上想要变得像男人一样。而这类具有“女性气质”的男人，在心理上正像她一直在逃离和鄙视的那个“自我”！

但是，一个具有“女强人”风味的女人，骨子里其实还是希望找一个能降服她的男人来依靠的。但，由于比较强势，所以有难度。

问题清楚了，人家付出了那么大的心理代价，想做小女人一直没有机会，而你居然不劳而获，轻轻松松就做成“小女人”了，这公平吗？人家不嫉恨你嫉恨谁啊，找谁发泄啊？

我对男人建议，在一个具有“女强人”风味的女人面前，你可以什么都没有，但绝不可没有气势。

对你，我的建议是，请学会做一个有头脑、内心强大、工作能力强、做事干净利落的女人，就算是装，也要装出来！

33. 一个强者如果恨一个弱者的话，那一定说明，他对后者有罪孽感，并且感到害怕

问：穷人恨富人我知道是为什么，但富人为什么也那么恨穷人呢？

答：那是因为理解时要拐一个弯，富人对穷人的恨是由负罪感和害怕转化而来的。

假定一个人 A 剥夺、欺压另一个人 B，那么，A 在心理上，一定有这样的后果：有负罪感——因为这样做在道德上是错误的；有恐惧感——因为他知道 B 会恨他，说不定哪天就起来干掉他。

这对于 A 的心理和利益都是一大威胁。他必须在心理上保护自己，办法就是去恨 B。而且，越有负罪感、恐惧感，恨 B 越恨得入骨。

所以，如果你发现，在一个社会里，富人对穷人充满了恨，那一定说明，这个社会是多么的不公正，富人的很多钱挣得并不干净。

34. 我们不能只是在头脑上“知道”某个道理，更重要的是要在心里“明白”

问：我知道很多道理，该怎么做、不该怎么做的，但真的碰到事情了，为什么就是做不到呢?

答：因为你只是“知道”而已，并没有在心里“明白”。

一种道理，要让我们得到改变，有两条道路。

一条是通过对我们情绪的释放。

某个道理，从智力结构的表层，携带巨大的心理能量，进入了我们的心理结构，在那里长期驻扎了下来，而它所携带的心理能量，把我们的心理结构改变了，就是说，我们被这个道理改变了。

比如，某个人经过人生的重大挫折，在一个阴雨绵绵的下午，走在大街上，看着街上行色匆匆的人群，突然顿悟出“别人关心的，只是你的成功，而不是你，因为你的成功对他们在心理上很重要，而你是谁对他们来说毫无意义”之类的道理。这个时候，他内心的激动难以形容，甚至会有脱胎换骨的喜悦。

同样，一个高僧在“开悟”的时候，也伴随着心里的狂喜体验。

如果一个人心里非常淡然、平静，也就是说，他的心理结构根本就没有动作，就想把头脑里关于一个道理的认知，转变成他存在的一部分，让他得到改变，就做梦吧！

另一条道路，就是掌握认知道理、运用道理的方法。

经过打击或挫折，我们或许会真正懂得某个道理，被它所改变，但如果要付出痛苦、挫折、失败这类的高昂学费，对“苦难是人生的财富”“逆境是人生的老师”念念有词，这未免也太残酷了点。

而且，“吃一堑长一智”，主意听上去不错，但为什么要预设一个人只能用吃苦头去换认识，而不是用理论、方法来举一反三呢?

我想说的是，一个人如果对某种认知道理、运用道理的方法能够运用自如，那么，方法就对他的头脑和心理进行了武装。

存在主义的大佬萨特说：存在先于本质。你的“本质”，是通过你的“存在”，对你“存在状态”的改变来达到的!

35. 在你刚有心理问题的时候，不要总想着要消除它，而是要澄清它、破译它

问：我觉得我有心理问题了，总是疑神疑鬼，担心有人在老板面前说坏话。我该怎么办?

答：我可以保证你是一个善良的人，否则，你不会这样想的。

一个认为自己已经有了心理问题，同时又比较善良的人，本能的反应就是“我有心理问题，我很痛苦，我要消除它”，于是，如何如何。

很正常是吧? 是的，很正常。

但残酷的真相是：这种思维方式本身就是产生心理问题的原因之一，或者会固化、加剧已经产生的心理问题!

要看到，心理问题和生理上的那种病不是兄弟姐妹或夫妻，而是陌生人。

感冒发烧，无论你怎么想，它都是客观的，不会减轻也不会加剧，但是，心理问题不一样，你认为你有或没有，都可能会产生甚至加剧它!

而在治疗上，感冒发烧你等着医生诊断、吃药打针就可以了，病虽然在你身上，但好像不是你的事情，你无须做什么努力。然而，在解决心理问题上，没有人可以帮你搞定，那主要是你自己的事情，是不能幻想自己不做努力，

然后有一个什么高人用什么神秘法术一下子或在不长的时间里驱散那些折磨你的幽灵的。上帝只救自救者，在解决心理问题上，一个不自救的人，没谁帮得了他。

你一定会问：那么什么是正确的反应？心理问题可是客观存在的，而且一个人的确痛苦，需要消除它。

我的回答是：不要总想着解决你的心理问题，你有搞定它的能力，要做的就是澄清它、破译它！

当你运用心理分析的方法，能够看到折磨你的那些问题是如何产生的，又是如何折磨你时，你自己就可以搞定它了。而在以后的漫长人生里，没人保证你不再受心理问题的干扰、百毒不侵，但你的自我分析能力至少可以保证它不会演变成一种严重的症状。